U0831853

"生活方式与健康管理"丛书

情绪管理与健康

王 珍 等◎主编

长江出版传媒
湖北科学技术出版社

图书在版编目（CIP）数据

情绪管理与健康 / 王珍等主编. -- 武汉 : 湖北科学技术出版社, 2025. 3. --（生活方式与健康管理丛书）. -- ISBN 978-7-5706-4046-1

Ⅰ. B842.6; R161

中国国家版本馆 CIP 数据核字第 2025AM8946 号

出 品 人：邓　涛
策　　划：冯友仁　　　　责任校对：王云起　陈横宇
责任编辑：徐　丹　　　　封面设计：胡　博

出版发行：湖北科学技术出版社
地　　址：武汉市雄楚大街 268 号（湖北出版文化城 B 座 13—14 层）
电　　话：027-87679454　　　　邮　　编：430070

印　　刷：武汉市华康印务有限责任公司　　　　邮　　编：430021

---

710 毫米 ×1000 毫米　1/16　　12.5 印张　　210 千字
2025 年 3 月第 1 版　　　　2025 年 3 月第 1 次印刷
定　　价：38.00 元

《情绪管理与健康》
编 委 会

主　审　楼建林（湖州师范学院）

副　审　沈旭慧（湖州师范学院）

主　编　王　珍（湖州师范学院）

谢翠娟（深圳市眼科医院、深圳市眼病防治研究所）

钮富荣（湖州师范学院）

俞宏斌（湖州市第一人民医院）

副主编　王霄一（湖州市第一人民医院）

张　颖（湖州市第一人民医院）

唐成武（湖州市第一人民医院）

白宏锋（湖州师范学院）

秘　书　刘乐乐（加拿大圭尔夫大学）

前　言

焦虑障碍和抑郁障碍是困扰人类精神健康的主要问题。据世界卫生组织估计，目前全球焦虑症和抑郁症的患病人数约为3.7亿人和3.5亿人。中国科学院陆林院士介绍，我国成人焦虑障碍和抑郁障碍患病率均在7%左右，患病人数均在9 500万左右。预计到2030年，焦虑障碍和抑郁障碍将成为全球精神疾病负担排名第一的疾病，但人类应对这两类主要精神健康问题的治疗措施极其有限。近30年来，治疗方法上也很少取得突破性进展。为此，一些学者认为，可能是治疗模式本身出现了问题。现代医学模式可能没有从疾病的机制上深挖疾病的根源，导致治疗方向上可能出现了一定的问题。

英国医学科学院院士、剑桥神经科学学会联合会主席爱德华·布尔莫尔于2018年出版了一本著作《发炎的大脑，一种治疗抑郁症的全新方法》，被列为《星期日泰晤士报》十大畅销书之一。这本书的出版对抑郁症等精神障碍性疾病的理解是一个标志性的突破。该书的一个主要观点：某些形式的精神疾病（特别是焦虑症和抑郁症）实际上是免疫系统疾病，抑郁与炎症有关，炎症可能是导致抑郁症等精神障碍的具有因果关系的因素。该假设正在逐步被验证，如果该假设成立，那么精神病学将面临一场变革。

慢性低度炎症导致的健康问题已成为21世纪医学和生物学领域的研究热点。团队成员近20年来一直致力于糖尿病、肥胖、心脑血管疾病等与慢性低度炎症关系的机制和管理策略研究。爱德华·布尔莫尔的这本书为免疫系统和炎症在焦虑症和抑郁症等精神疾病中的重要性提供了一个清晰的陈述以及有力的论据。所有这些形成了团队成员撰写《情绪管理与健康》这部著作的动因。

《情绪管理与健康》这本论著主要包括四部分的内容，分别为情绪的本质、情绪与健康的关系、情绪管理的基本理论以及情绪管理的基本策略。该书既是紧跟学术前沿、系统介绍炎症/氧化应激与中老年情绪相关健康问题的学术论著，又是全面介绍如何通过调节炎症/抗炎症、氧化/抗氧化平衡，促进健康的操作性较强的工具书。

我们希望本书的出版，为情绪相关健康问题的管理提供富有中国特色的经验！

在撰写本书的过程中，参与素材收集的学生有陆哲宇、陈功、陈晓慧、王诗雯、赵子萌、王雨靖、梁叶、徐寒冰、柳谢雪、陆晟、吴家豪、顾梦简、王潘轶、黄可瀚、冯宇、何毅恒、朱声涛、侯家袁、闻俊毅、王政睿、姚琦崴、肖勇、傅诗焱、邹童妍、朱晗、沈杨婕、傅佳萍、马金、徐若兮、周树立、邹卓序、高芳艳、陈伊黎、沈嘉怡、卢柯羽、程艺源、张亿麒、顾徐励昕、黄博、杜清瀚、刘乐乐等，在此一并表示感谢！

本书得到湖州市医药商会、湖州市第一人民医院、湖州市重大慢性疾病精准防控重点实验室的大力支持！

编者

2024年9月

目录

第一章

情绪的基础知识

第一节　情绪的基本问题

在开始本章内容之前，先讲两个故事。

故事一：一位父亲在公司受到了老板的批评，回到家就把在沙发上跳来跳去、兴高采烈玩耍的孩子臭骂了一顿。孩子心里窝火，狠狠踹了身边正在打滚的开心猫。受到惊吓的猫逃到街上，正好一辆卡车开过来，司机赶紧避让，却把路边的一个孩子撞倒了。

故事二：在一家茶餐厅，一位顾客指着面前的杯子，对服务员小姐大声喊道："小姐！你过来！你看看！你们的牛奶是坏的，把我的一杯红茶都糟蹋了！"服务员小姐一边赔不是一边说："真对不起！我立刻给您换一杯。"新红茶很快就准备好了，碟边放着新鲜的柠檬和牛乳。服务员小姐将这些茶食轻轻放在顾客面前，轻声地说："女士，您好，我能不能建议您，红茶里如果放柠檬，就不要加牛奶，柠檬会导致牛奶结块。"顾客的脸唰地一下红了，匆匆喝完茶离开了。旁边的一个顾客看到这一场景，笑问服务员小姐："明明是她的错，你为什么不直说呢？"服务员小姐笑着说："因为她情绪不好，需要用婉转的方法来处理。道理一说就明白，用不着大声。理不直的人，常用气壮来压人。"

上述两个故事，故事一描绘的是一种典型的坏情绪的传染所导致的恶性循环，心理学上命名为"踢猫效应"。故事二描绘的是如何防止坏情绪传染继而形成恶性循环、避免产生"踢猫效应"的典型故事。

上述的情景在我们的日常生活中处处可见。生活中，在面对压力的时候，我们会时常感到焦虑、抑郁甚至崩溃，每个人都可能是"踢猫效应"长长的链条上的一个环节，都有将愤怒转移出去的倾向。人在面对压力时为什么会出现不同的情绪反应？可以如何应对？本章以及本书的所有内容都将回答这些问题。

本节主要介绍情绪的概念及分类，情绪的基本问题，情绪的反应系统，如何理解情绪，以及什么是情商等问题。

一、情绪的概念及分类

1. 情绪的概念

情绪的经典定义可表述为人对内外信息的态度体验及相应的行为和身体反应，是伴有较明显的自主性神经反应的一种心理状态，以个体的愿望和需要为中介。狭义上是指需要是否被满足而产生的暂时、较剧烈的态度体验，其基本形式包括快乐、恐惧、悲伤、厌恶等。

从概念上讲，情绪是人对客观事物的态度体验及相应的行为反应，是对一系列主观认知经验的统称，是多种感觉、思想和行为综合产生的心理和生理状态。具体而言，情绪包括 3 个主要成分，即主观体验（快乐、恐惧）、外在行为（面部表情、姿态、语调）、生理激起（心跳、脉搏、血压）。

2. 情绪的分类

人类有几百种情绪。从古到今，从国外到国内，关于情绪，有不同的分类方法。《礼记》中将情绪分为喜、怒、哀、惧、爱、恶、欲。《黄帝内经》中将情绪分为喜、怒、忧、思、悲、恐、惊。现代心理学认为情绪由快乐、悲伤、愤怒、焦虑和恐惧组成。

情绪分类也可以按照某种状态来分，情绪状态是指在某种事件影响下，在一定时间内所产生的某种情绪。比如，心境指的是一种比较平静而持久的情绪状态，激情指的是一种强烈的、爆发性的、短促的情绪状态，而应激指的是人对某种意外的环境刺激所做出的一种适应性反应（比如肌肉紧张度增高、血压上升、心率加快等）。

情绪无好坏之分，一般只划分为积极情绪和消极情绪，但是，由情绪引发的行为、行为的后果却有好坏之分。积极情绪与消极情绪是相对而言的概念。

消极情绪是指当客观事物与个体的主观需求不相符时，产生的负性情绪体验和感受，影响个体活动的积极性和效率。消极情绪一般产生于某种具体行为中，是由外因或内因影响而产生的不利于完成工作或者正常思考而产生的情感，一般包括忧愁、悲伤、愤怒、紧张、焦虑、痛苦、恐惧、憎恨等。消极情绪的产生是因人因时因事而异的，产生的原因主要是对应激源产生的反应，比如，在工作、学习或生活中遭受了挫折，受到了他人的挖苦或讽刺以及莫名其妙的情绪低落等。有些心理工作者对是否存在消极情绪提出了疑问，认为不存在真正的消极情绪，即使存在，也是一种保护性行为。之所以这样认为，是因为看到了“消极情绪”的另一面，比如，压抑能够让人获得安全感，愤怒中包含着自尊与自重的力量，嫉妒告诉自己真正想要什么，悲伤包含着疗愈与安慰，无聊孕育着生命的价值和意义，等等。

积极情绪是指与个体需要得到满足相联系的感觉，通常伴随愉悦的主观体验和感受，能够提高个体活动的积极性和活动效率。拥有积极情绪的人能对自己的情绪进行有效管理。根据认知主义理论，真正影响我们情绪的不是事件本身，而是我们对事件的看法。善于管理情绪的个体总是能够找到挫折事件中的积极意义，对于生活中发生的一些非理性行为的处理也比较智慧。比如非理性购物行为，消极情绪的人最突出的表现就是被欺骗买各种保健品或者打折品，屡屡被骗但从不吸取教训，而积极情绪的人却可以从中吸取教训，再次购物的时候，更多考虑的是物品的价值，而不是是否打折以及打多少折扣的问题。

二、情绪的基本问题

机体对环境刺激或应激源的适应性反应是情绪的基本问题。行为医学中的应激源指的是引起应激反应的刺激物，是导致应激的直接原因，包括躯体性、心理性、社会性和文化性刺激物。精神医学中的应激源指的是任何导致应激反应的有害的刺激性状况。心理学中的应激源指的是工作、伴侣关系、人际关系、经济、财产、犯罪、教育、生殖、亲人生病等。应激源有急性和慢性之分。急性应激源一般指持续时间不超过一个月的刺激。慢性应激源一般指的是持续时间超过一个月的刺激。

应激与健康的关系密切。程度强、持续时间长的应激有可能导致心身疾病。美国心理学家柯恩等人的研究显示：愈觉得有压力的人，接触呼吸道病毒时，愈容易受到感染而患感冒。该研究团队通过观察性研究发现：生活充满压力的受试者感染病毒后，47% 的人发生了感冒，生活相对轻松者仅 27%；压力越大，感冒越重；威胁到个人能力或地位的压力生活事件似乎“杀伤力”更强；经历慢性应激的人更容易患感冒，心理应激会增加个体对感冒的易感性。

在观察性研究的基础上，该研究团队还提出了一个“慢性应激在疾病发生中具有更重要的作用”的假设并通过实验研究进行证明。实验研究以普通志愿者作为受试对象，实验前两周让受试者通过《生活事件和困难量表》完成心理应激评估，之后，让受试者暴露于感冒病毒，隔离一段时间并检测感冒的发生情况。结果表明：急性生活事件（持续时间不超过一个月）对感冒易感性没有影响，但慢性应激会增加健康成年人对感冒的易感性，这些实验结果不受被试者性别、年龄等人口学变量及病毒类型的影响。

三、情绪的反应系统

通过对上述关于情绪概念及基本问题的讲解，我们基本上可将“情绪”简单理解为是对压力刺激的反应。但是要全面深入理解情绪并能够合理把控情绪，绝不是一件容易的事情，这涉及情绪的复杂反应系统。

举个例子，在寒冷的冬天，你不慎落水了，落水的瞬间，你身体的裸露部分（比如手）的感受器（感温细胞）首先感受到的是水的温度很低。然后，你感觉很冷以及感受到身体很不舒服。如果再根据你的先验知识，发现身体受到极冷水的刺激，可能会落下后遗症（比如风寒感冒、关节炎、风湿病等），你可能会产生一种“焦虑”或者“恐惧”的情绪。细细梳理一下落水后的各种感觉和反应，我们会发现，导致一个人落水后焦虑的并不是水冷，感觉到水温很低以及感觉到很冷是两个完全不同的过程，感觉到水的温度很低可以理解为一个纯粹的直接刺激，是一个“感”的过程，而感觉很冷是一个“受”的过程。

从生理和心理学的角度来讲，上述过程实际上包含了感觉、感受、观念和情绪四个基本环节，这四个环节构成了一个对外界刺激进行反应的链条，又称为“情绪反应系统”。皮肤上的感温细胞相当于电脑的硬件，使我们有冷的感觉。我们的神经系统，相当于电脑的软件，针对冷的感觉反馈一个难受或不舒服的信号，让我们产生感受。我们的观念和认知系统也相当于软件系统，根据感受、情境和记忆等的综合结果产生出对这个刺激的反应，即情绪。

沿着这个例子，再看一种情形：如果不是落水，而是冬泳爱好者主动下河游泳，体验可能完全不同。冬泳爱好者在碰到水的瞬间，可能同样感觉到冷，并且感觉极不舒服，即在“情绪反应系统”的 4 个基本环节中，前面两个环节跟落水没有区别。那为什么他们会主动跳到水里去？这里最重要的不同，在于观念系统上的差别。比如，冬泳爱好者接收到的是“冬泳有益于健康、有助于加速血液循环和心脏健康”的观念，这直接导致了与落水者完全不同的情绪和行为。这里的行为指的是游泳者是主动跳下去的，而不是无意掉下去的。这也直接导致了不同的情绪反应，游泳者会认为是一件愉悦身心的事情。

由此可以认为，对情绪起决定性作用的，并不单纯是外界的直接刺激，而是我们对刺激的反应。这个反应系统的核心就是我们的观念系统，理解这一点尤其重要，这也是我们研究情绪、认知情绪以及管理情绪的真正意义所在。

四、情绪与人格

人格又称“个性”，是个体内在生理心理系统的动力组织和由此决定的独特的思维、情感和行为模式，是体质因素、发育和社会经验的结果。人格是构成一个人思想、情感及行为的特有模式，这个独特模式包含了一个人区别于他人的稳定而统一的心理品质。气质和性格是人格的核心成分。

气质是人的高级神经活动类型在后天行为活动中的表现，是人生来具有的心理活动特征，是通过职业形象、生活态度、言行举止、兴趣爱好和情绪性格等行为方式反映出的个人天赋智慧、文化素养和思想品质的总体特征，是人的生理素质与社会实践相结合的产物。气质主要是天生的，“三岁看大、七岁看老”主要说的就是气质。气质包括胆汁质（外倾型、直率热情、精力旺盛、容易冲动）、多血质（外倾型、活泼好动、反应灵敏、乐于交往、缺乏持久性）、黏液质（内倾型、安静、稳重、沉着、反应缓慢、沉默寡言、情绪不容易外露）和抑郁质（内倾型、情绪体验深刻、具有较高的感受性、爱幻想、胆小孤僻）四种类型，不存在好坏之分，也不能预测个体未来成就的大小。

性格是个体较稳定的态度和行为特征，是在社会实践活动中形成的、对现实的稳定态度及与之相适应的行为倾向性，是一种与社会关系最密切的特征。性格包含一些社会道德含义，主要体现在对自己、对他人、对事物的态度和所采取的言行上。性格主要是在后天环境中形成并发生变化的。性格一般包括意志成分、态度成分、情绪成分和认知成分。情绪成分是性格的重要构成成分，也是可以在后天环境中改变的。关于人格与情绪的关系将在后面的章节进一步探讨。

五、情商与智商

1. 情商的概念

情商又称为情绪智力。哈佛大学心理学教授丹尼尔·戈尔曼认为情绪智力是一种识别自己和他人情绪、激励自己、控制调节自己的情绪，并维持掌握人际关系的能力，并提出了情绪智力的五因素理论，即情绪智力包括5个方面的内容：认识自己情绪的能力、管理自己情绪的能力、激励自己情绪的能力、识别他人情绪的能力，以及处理人际关系的能力。

情绪自我觉察能力，是指当自己的某种情绪产生之时就能觉知，具体来说就是能认识自己的感觉、情绪、情感、动机、性格、欲望和基本的价值取向等，并以此作为行动依据的能力，这一能力是情绪智力的核心、基石，也是最关键的能力。情绪自我控制能力，是指对自己的快乐、愤怒、恐惧、爱、惊讶、厌恶、悲伤、焦虑等体验能够自我认识、自我协调，这是情绪智力的突出表现，建立在自我觉知的基础上。情绪自我激励能力，是指面对自己想要实现的目标，随时调动和指挥自己的情绪，进行自我鞭策、自我说服，并始终保持高度热忱、专注和自制的能力。识别他人情绪能力，是指对他人的各种感受，能“设身处地”地、快速地进行直觉判断，了解他人的情绪、性情、动机和欲望等，并能做出适度反应的能力。人际关系处理能力，是指调节与管理他人的情绪是处理人际关系的核心。

有研究者基于戈尔曼的情绪智力五因素理论，总结出了低情商和高情商者在这五个维度的差异（表1–1）。

表1–1　高情商和低情商者在情绪智力5个维度的差异

情绪智力	高情商的表现	低情商的表现
情绪自我觉察能力	①能够客观地自我认知，清楚自己的优势与不足 ②知晓自己的情绪状态 ③自信	①自我意识差，对自己没有正确的认识，高估或低估自己 ②常常不能很好地觉察自己的情绪状态 ③缺乏自信
情绪自我控制能力	①情绪稳定，能够让自己经常保持快乐的情绪 ②心胸宽广，不为小事动怒 ③懂得控制自己的情绪，心情再差也不会迁怒于无辜的人	①过于情绪化，心情好了大家都好，心情不好大家都不好 ②心胸狭窄，常常因为小事发脾气、动怒 ③难以控制自己的情绪，喜欢冷暴力或发脾气

续表

情绪智力	高情商的表现	低情商的表现
情绪自我激励的能力	①善于定目标，且积极主动 ②责任心强，不轻言放弃 ③适应性强，心态乐观，能承受压力	①无确定的目标，也不打算付诸实践，严重依赖他人 ②推卸责任，做事有畏难情绪 ③适应环境与承受能力差
识别他人情绪的能力	①解读对方情感和意图的能力强 ②善于察言观色，讲话做事比较照顾他人感受 ③能够换位思考，谅解他人的难处，不自以为是	①很少考虑他人的感受 ②讲话做事容易无意识地伤及别人的感受 ③不懂得换位思考，常常自以为是
人际关系处理能力	①人际交往讲究技巧，善于处理人际关系 ②善于沟通，能够耐心倾听 ③即使在极端情况下（比如吵架）也能克制不说伤人自尊的话	①处理人际关系能力差 ②心直口快，容易冲动，经常出口伤人 ③喜欢指责和打击他人

2. 情商的作用

在当今社会，情商影响生活的各个层面，其重要性越来越受到人们的关注。归纳一下，情商具有以下 5 个方面的作用：①能够觉察自身情绪的变化，始终都知道自己处于一个什么样的情绪状态之中，这是决定一个人能否控制自己情绪的前提，看似容易，实际上很难。②能够觉察他人情绪的变化，因为所有的人在产生情绪的时候，其表情、语气、肢体动作具有一定的共性，能够被共同认知。③不被他人的情绪所影响，这是情商高的体现，情商高的人情绪往往非常稳定，对自身情绪的觉察能力和把握能力强，具备理性的思考能力，能够理智地应对复杂环境，不容易受到他人影响；反之，情商低的人对自己的情绪不能好好把握，不会对自己的情绪进行理性的思考，情绪极其容易被他人煽动，做出一些非理智的事情。④影响他人的情绪，可以通过自己的表情、眼神、语气、说的话、做的事情等，让别人产生我们希望的情绪，引起共情或共鸣，这是真正厉害的能力。⑤能够处理自己的负面情绪，即当觉知自己的情绪后，能够依靠自己去处理和消化掉自己的负面情绪，这也是情商最重要的一个作用。

3. 情商的测试

关于情商的测试工具较多，比较经典的工具有 Salovey 和 Mayer 在 2014 年前后根据丹尼尔·戈尔曼的“情绪智力理论”开发的青少年版《梅耶—萨洛维—库索情绪智力测试（Mayer-Salovey-Caruso emotion intelligence test，MSCEIT）》工具，该工具主要用于测量 10 ～ 18 岁青少年的情绪智力。MSCEIT 的编制基于严谨的理论和概念框架，备受研究者的关注，但是该量表题量较大，包含 141 个项目，答卷时间较长，使用率不高。

除了 MSCEIT 外，1998 年 Schutte 等人依据 Mayer 和 Salovey 的情绪智力理论编制的自陈式情绪智力量表（emotional intelligence scale，EIS），可以测量人们对自我和他人情绪感知、理解、表达、控制、管理和利用的能力。Schutte 本人曾用这个量表对 328 名男性和女性进行测试，得出量表的内部一致性系数为 0.90，两周后的重测信度为 0.78。我国学者王才康在 2002 年对此问卷进行了翻译，经检验后具有良好的信效度（效度值 a=0.84）。此后 EIS 被我国学者广泛使用和验证（表 1-2）。

EIS 量表采用 5 级评分，得分越高，表明情绪智力越高。其中 1、5、9、15、17、19、22、25、26、29、32、33 为情绪知觉维度，2、6、7、10、12、14、21、28 为自我情绪管理维度，4、11、13、16、24、30 为他人情绪管理维度，3、8、18、20、23、27、31 为情绪利用维度。需要注意的是，5、28、33 三项采用逆向记分的方法，其余 30 个项目皆为正向记分。

表 1-2　情绪智力量表（王才康译）

问题	完全不符合（1）	比较不符合（2）	不清楚（3）	比较符合（4）	完全符合（5）
1. 我知道与别人谈论私人问题的恰当时机					
2. 当我面对某种困难时，我能够回忆起在面对同样的困难时我是如何战胜它的					
3. 我希望我能够做好我想做的大多数事情					
4. 别人很容易信赖我					
5. 我觉得我很难理解别人的肢体语言					
6. 生活中经历的一些大事让我重新审视什么重要、什么不重要					
7. 心境好的时候我就会看到新的希望					

续表

问题	完全不符合（1）	比较不符合（2）	不清楚（3）	比较符合（4）	完全符合（5）
8. 情绪是决定我们生活是否有意义的重要因素之一					
9. 我能清楚地意识到自己的情绪变化					
10. 我希望能够有好的事情发生					
11. 我喜欢与别人分享自己的情感					
12. 情绪好的时候，我知道如何把它延长					
13. 安排有关事情，我尽量使别人感到满意					
14. 我喜欢做能使自己感到高兴的事情					
15. 我很清楚我传递给别人的肢体动作或表情的含义					
16. 我尽量做得好一些，使别人对我的印象好一些					
17. 当我心情好的时候，解决问题对我来说很容易					
18. 通过观察面部表情，我可以辨别他人的情绪					
19. 我知道自己情绪变化的原因					
20. 心情好时，我能思路大开，想出很多新点子					
21. 我能控制自己的情绪					
22. 我很清楚自己某一刻的情绪					
23. 做一项任务时我会想象自己把它完成得很圆满，以激励自己					
24. 别人在某方面做得很好时，我会称赞他					
25. 我能理解别人传递给我的肢体动作或表情的含义					
26. 当别人告诉我他人生中经历的某件重要事情时，我感觉好像发生在自己身上一样					

续表

问题	完全不符合（1）	比较不符合（2）	不清楚（3）	比较符合（4）	完全符合（5）
27. 当我感到情绪变化时，就会涌现出一些新颖的想法					
28. 一想到可能会失败，我就会退却					
29. 我只需看几眼就知道别人情绪的好坏					
30. 当别人消沉时我能够帮助他，使他感觉好一些					
31. 我能以良好的情绪来面对困难的挑战					
32. 我能通过别人讲话的语调判断他当时的情绪					
33. 我很难理解别人的想法和感受					

4. 情商与智商的区别

智商（intelligence quotient，IQ），是通过一系列标准测试所获得的个人认知能力与同年龄段常模的比值，是表示一个人智力水平的指数。情商与智商有本质上的区别：①智商和情商反映着两种性质不同的心理品质。智商的高低反映着智力水平的高低，情商反映认识、控制和调节自身情感的能力，情商的高低反映着情感品质的差异。②智商和情商反映着两种性质不同的能力。智商主要反映人的认知能力、思维能力、语言能力、观察能力、计算能力等，情商反映个体把握与处理情感问题的能力。③智商和情商的作用不同，智商的作用主要在于更好地认识事物，智商高的人，思维品质优良，学习能力强，认识问题有深度，容易在某个专业领域做出杰出成就。情商常走在理智的前面，主要与非理性因素有关，影响着认识和实践活动的动力。情商主要通过影响人的兴趣、意志、毅力，加强或弱化认识事物的驱动力。智商不高而情商较高的人，学习效率虽然不如高智商者，但是有时能比高智商者成就更大。

（钮富荣　王珍）

第二节 积极情绪的力量

情绪是心理学的一个基本概念，也是心理学的研究对象。在第一节内容讲到情绪可以分为积极情绪和消极情绪。积极情绪也称为正性、正向、正效价情绪。目前存在多种关于积极情绪的定义。罗素曾提出：“积极情绪就是当事情进展顺利时，你想微笑时产生的那种好的感受。”我国心理学家孟昭兰认为“积极情绪是与某种需要的满足相联系，通常伴随愉悦的主观体验，并能提高人的积极性和活动能力”。情绪的认知理论则认为“积极情绪就是在目标实现过程中取得进步或得到他人积极评价时所产生的感受”。

很长一段时间以来，心理学和社会学领域关注消极情绪对身心健康的影响比积极情绪多。其主要原因是消极情绪是维持生存的一种手段，能帮助人们更好地生存下来，比如，愤怒产生攻击的冲动，恐惧产生逃跑的冲动，厌恶导致疏远的冲动。

那么，在当代，积极情绪为什么备受关注？其意义是什么？积极情绪有哪些表现？全球最有影响力的心理学家之一、积极心理学研究领域的领军人物、美国心理学家芭芭拉·弗雷德里克森（Barbara L. Fredrickson）对这些问题给出了回答。本节基于芭芭拉提出的“积极情绪”基本概念和基本观点，介绍了“积极情绪”的10 种形式及其带给我们生活的力量。

一、“积极情绪”的形式及作用

弗雷德里克森认为“积极情绪是对个人有意义事情的独特反应，是一种暂时的愉悦”，在她所著的《积极情绪的力量》一书中将“积极情绪”归纳为10种形式，包括喜悦（joy）、感恩（gratitude）、宁静（serenity）、兴趣（interest）、希望（hope）、自豪（pride）、逗趣（amusement）、激励（inspiration）、敬佩（admire）和爱（love），并使用科学的方法，研究并归纳了积极情绪的神奇作用，包括积极情绪让我们感觉良好，积极情绪改变我们的思维（改变思维的广度和边界、拓宽视野），积极情绪改变我们的人生（构建更美好的未来），积极情绪抑制我们的消极情绪，积极情绪让我们变得坚韧和坚强（帮助我们正确地看待挫折和失败、给予我们从困难中恢复的力量）等。

1. 喜悦

“喜悦（joy）”一词在中文语境中的含义十分复杂。根据不同情境，它可以被译为喜悦、愉悦、喜乐、欢乐、欢喜等，其意义与欢悦、愉快、快乐/幸福、欣喜等词相近又存在微妙区别，经常互换使用。

喜悦是人类的一种基本情绪，是由内到外感受到一种非常舒服的感觉，是需要获得满足时的一种即时反应。喜悦是一种内心的快乐，是一个人过着健全的正常的、和谐的生活所感到的快乐。进化心理学家认为，喜悦是生物体存活下去的奖励机制，比如吃高热量食物会有更强的愉悦感。人类有两种获得喜悦的方式：一种是获得了自己想要的东西，比如获得良好的人际关系或工作的成就感；另一种是感到安全或摆脱了危险，比如你会因为刚刚逃过一劫而感到高兴。

喜悦具有 3 个特点，包括能让人感觉放松，放松的同时伴随兴奋且协调的内在感受，容易与外界、他人更好地建立连接。喜悦也具备 3 个方面的功能，包括能让人放松，是生命得以存续的奖赏系统，是检验自己对世界的认知是否正确的检验系统。

人在喜悦时最明显的面部表征是“笑”，不同程度的笑也对应着喜悦情绪的不同强烈程度。人在喜悦情绪中，其大脑处于最佳活动状态，能充分发挥机体的潜能，提高活动效率，精力充沛，食欲旺盛，睡眠安稳，充满生机与活力，从而增强对疾病的抵抗能力。因此，喜悦情绪是身心活动和谐的象征，是一种心理健康的标志。在心理治疗领域一般更关注获得喜悦的能力，或者说更关注阻碍个体感受喜悦的因素。

2. 感恩

“感恩（gratitude）”是当代哲学中一个极具争议的词语。在英文的语境中，“gratitude”不仅仅是感谢，还意味着珍惜。在心理学中，感恩通常被视作一种情绪和一种人格特质，指的是对生活中美好事物的感激和欣赏，也是对外界施予自己的恩惠和自己给予自己的恩惠表示物质上或是精神上的感谢。

心理学中，感恩由 4 个要素组成：①认知因素，指能够在认知上认为对方帮助了自己，且这种帮助是出于利他性而非利己性的目的；②情感因素，感恩包含了一种对于施惠者的情感因素，比如感激、信任和爱，感恩者能够感受到情感的存在；③沟通因素，感恩中包含一种想要向施惠者表达感谢的信息；④行为倾向因素，即感恩是一种动机，包含了一种行为的倾向，即将来在有机会的时候，提供施惠者必要的帮助，或者尽可能避免发生伤害到施惠者的行为。

感恩是一剂心理良药，有助于降低抑郁、缓解失眠和社交恐惧症，也是提升幸福和促进成功的有效手段。心理学家安东尼曾说过：成功的第一步就是先存有一颗感恩的心，时时对自己的现状心存感激，同时也要对别人为你所做的一切怀有敬意和感激之情。积极心理学创始人马丁·塞利格曼非常强调"感恩"对幸福感的影响，他的研究发现，练习感恩是一种简单易行的、能够持续提升幸福感的方式。有许多学者也都证明了练习感恩能够抵御抑郁、焦虑等不良情绪，维护心理健康。

3. 宁静

"宁静（serenity）"在《汉语词典》中的解释是"平静、安静、清静寡欲、不慕虚荣"。《大学》中讲到"知止而后有定，定而后能静"，意指要想获得内心的宁静，源于心有所定，心有所属，心有所志，而"心定"的前提就是首先树立一个远大的理想和愿意为之奋斗终生的人生目标，这就是"知止"，即孔子所说的"志于道"。当一个人有了自己真正的人生目标之后，心才能定下来，就不会被外在各种诱惑所吸引，才能做到内心的宁静。《大学》中也讲到"静而后能安，安而后能虑，虑而后能得"，意指只有内心宁静，才能够实现心安理得、心态安宁，才能够进行缜密的思虑、周详的谋划。只有通过缜密思虑，周详谋划，事业才有可能获得成功。

要实现内心宁静，须意识到需要宁静，意识到过于忙碌源于内心过盛的欲望。因此，需要克制自己的欲望，放慢人生的脚步，有张有弛，给心灵留一点空白，或许我们就既能实现人生价值，又可收获人生幸福。

心理学家认为内心的宁静是幸福感的保证，是接受无法改变的现实。要获取内心宁静的幸福感，首先要养成良好的思维及行为习惯，其次是要对生活设立合理的目标。这与古代圣人先哲的观点一致。

4. 兴趣

"兴趣（interest）"是指兴致、对事物喜好或关切的情绪。兴趣表现为人们对某件事物、某项活动的选择性态度和积极的情绪反应。心理学认为，兴趣是指一个人力求认识某种事物或从事某种活动的心理倾向，它以认识和探索某种事物的需要为基础，是推动一个人去认识事物、探索真理的一种重要动机，也是一个人学习和生活中最活跃的因素。

兴趣以需要为基础，因认识而深化，兴趣与认识和情感相联系。若对某个事物或某项活动没有认识，也就不会对它有情感，因而不会对它有兴趣。反之，认识越深刻，情感越强烈，兴趣也就会越浓厚。

兴趣是一个起点，是推动一个人认识和探究事物的动力，如果只是单纯的欲罢不能，而不能推动人去认识事物、探索真理、仅感到能量被消耗，则只是诱惑，而不是兴趣。真正的兴趣是激发探究动力、增长能量、促进能力提升、指向未来。

推动人们继续认识和探索事物的兴趣在人的实践活动中具有重要的意义，可以使人集中注意力，产生愉快紧张的心理状态。兴趣对一个人的个性形成和发展、对一个人的生活和活动也有巨大的作用。

5. 希望

“希望（hope）”是指心里想着达到某种目的或出现某种情况。“百度百科”中将“希望”解释为：①美好的愿望或理想；②愿望或理想所寄托的对象；③欲望；④盼着出现某种情况或达到某种目的；⑤揣测别人的意图而加以迎合；⑥仰望、瞻望。

美国人本主义心理学大师罗杰斯在其所著的《希望》一书中指出：“我们的生命，就是做自己、成为自己的过程。”在该书的开篇，罗杰斯讲到在一次酒会中认识了同为医生的肖克，两人因探讨“心理健康是否与身体健康有关”这个问题产生共鸣并结下了深厚友谊。肖克带作者见了他的患者，一位积极乐观，一位悲观绝望。作者根据两位患者的表现，产生了一个想法：他想通过心理治疗帮助那位绝望的患者，并提出让两位患者同居一室，看是否会对其病情有所帮助。结果表明，充满绝望的那位患者确实在积极乐观的患者的引导下找到了自己的希望，病情逐渐好转。通过这一案例，作者开始了对“希望”课题的研究。

通过大量的实证研究后，罗杰斯认为希望是人心灵最深处的本能，失去的原因大多数是因为丢掉了太多的信念。罗杰斯将人的内心比作一座金字塔，并构建了“希望金字塔”模型。该模型由3个层次构成：①最底层是人心灵的支点，这是支撑整个心理活动的重要部分，有人将这一部分归纳为世界观，是指人从幼儿时期形成的一种看待世界的角度；②第二层是感知，即建立在世界观基础上的对待事物的看法；③第三层，即最上面一层是希望，希望是一种对未来的寄愿，是推动一切行为的动力，处于精神世界金字塔的顶端。

从心理学层面，希望有两层含义，即希望既是一种积极的情绪又是一种积极的目标，这两种含义不是互相独立、彼此分离的。一般而言，积极的情绪会达成积极的目标，积极的目标又可以拉动积极情绪的产生。

希望是一种积极的情绪，积极代表着情绪对我们产生价值，在我们未能取得成功的经验时，希望是先验的，我们的行为动机一般是动力因，而非目的因。可以从以下两个方面来理解：①神经学者认为，我们的行为动机一般是为了协调身体的稳态，当情绪产生的时候，由于神经系统的反应，我们的行为就成为情绪的结果（比如愤怒时我们与人打架），即心理中希望的产生导致了我们外显行为的发生，希望的差异性来自我们身体调节平衡时的自然反应的不同；②认知心理学认为，我们的行为动机来自判断、评价和思考，情绪的产生并非来自外部事件，而是我们对外部事件的判断（比如下意识里喜欢或者厌恶某事），从而产生情绪，情绪的产生使我们逃离或者接受这件事情，即心理中希望的产生在于我们的判断，希望的差异性来自我们内心的判断的标准的差异性。

在我们已经有了成功的经验时，希望是后验性的，我们的行为动机一般是一种目的因，而非动力因。可以从以下几个方面来理解：①生物理论认为，我们行为的动机取决于本能（现在一般认为是源于基因和遗传），人的本能会有一种积极的目标，是人就有希望，人与人希望的差异性在于基因的差异性；②学习理论认为，我们行为动机是获得奖励、逃避惩罚，这样的行为一般由后天习得，是由环境和人共同作用决定的，即希望的差异性是人和环境差异性共同作用的结果；③马斯洛需求理论认为，我们的行为动机是需求要得到满足，我们在人生的各个阶段的需求不同，需求不同导致我们在每个阶段的希望也不同，即希望的差异性是不同人的不同需求或者同一人在不同阶段的不同需求所致；④诱因理论认为，我们的行为动机是权衡得失利弊，这是希望作为目标价值的最好的体现，我们在具体情况中会进行利益权衡，即希望的差异性在于我们不同行为产生的利益和相对代价的差异性。

6. 自豪

“自豪（pride）”是一种典型的情绪，是近几年情绪心理学家们才开始深入研究的一种情绪体验。郭蕾等在“自豪感：基于自我意识的积极情绪”一文中对“自豪”的概念进行了深刻的诠释，认为国内外学者对于自豪感的定义都侧重于个体的积极体验，并且不同的研究者对自豪的界定也有所不同，归纳如下：①自豪是当个体知觉到自己的行为结果满足了内化的标准或目标，由此对自我进行积极评价时的快乐体验；②自豪是一种必要的、良好的正性情绪，产生于对具体行动成果的认知评价；③自豪是当个体认识到由于他（她）自身的原因导致成就方面或道德方面的一些结果，并且这些结果不仅是其所渴望得到的，还达到或超过了一定的社会标准时的一种积极情感体验；④自豪是将对个体社会性需要有关的成功事件归因于内部因素后产生的情绪；⑤自豪是当目标成功实现或被他人评价为成功时，个体产生的积极体验；⑥自豪是个体把一个成功事件或积极事件归因于他个人能力或努力的结果时所产生的一种积极的主观情绪体验。这些研究者均一致认为，自豪的产生至少需要 3 个条件：①自豪的产生需要有成功的事件；②成功的事件需要联系到个体的社会性需要；③个体需要将这种成功归结于自身内部因素。总之，自豪作为一种自我意识情绪既能服务于人类的内部需要，又能服务于人类的社会性需要。

7. 逗趣

汉语词典将“逗趣（amusement）”解释为打趣、逗乐。英文词典中关于“amusement”一词存在多种解释，比如有趣、可笑、愉悦、娱乐、消遣方式、娱乐活动游戏、消遣活动。具体而言，该词在不同的情境中，有不同的含义，其基本意思是指轻松、琐碎、没有什么目的的消遣活动，引申意义上可指消遣或娱乐时的感情或情绪，即指可笑或愉悦的情绪或心情。

心理学上，“逗趣”往往指的是一些意想不到但让你发笑的事情。比如，你做了一份黑暗料理请朋友品尝，朋友做了个有趣的鬼脸；你让小宝宝到卫生间里的浴缸里洗澡，却看到他将刚买回来的鱼一起放在了澡盆里；你去教室里给学生上课，丝毫没有发现衣服穿反了、扣子扣错了、拉链没有拉上、刚买的衣服上挂着吊牌……这些有趣的事情都不是事先安排或打算好的，社会学家将这种情况描述为“娱乐性社会不协调（nonserious social incongruity）”。该词对于导致可笑或愉悦情绪的“逗趣”做出了两点说明：逗趣是社会性的，具有高度感染力的，仅自己感觉到好笑不属于这种情形；逗趣只有发生在安全的情况下才会是有趣的，而不是发生在危险或具有威胁的情境中。比如，朋友因为生病导致了行为或者面部表情上的怪异感，你觉得有趣显然也不合适。因此，本质上，逗趣应该是娱乐性的，由衷的逗趣带来的是抑制不住的冲动，使人发笑并想与他人分享。

8. 激励

汉语词典将“激励（inspiration）”解释为激发勉励，使振作。心理学上，激励是指一种能够驱动人们行动的因素或行为，它可以是外界的刺激物，也可以是内在的动机和信念。激励可以分为内在激励（比如自我提升的欲望、成功的渴望等）和外在激励（比如金钱、赞扬、物质奖励等）。内在激励源于个人内心产生的动力，外在激励则来自外部环境的刺激。这些激励在心理学中有非常重要的地位，它能激发人们的动力，帮助人们实现自己的目标，提高工作效率，改善人际关系，增强自我意识等。相比于内在激励，外在激励更容易造成依赖和不稳定的效果。

激励被认为是“自我超越的情绪”，激励不只是感觉很好，还有想做并想做成的冲动。比如，当你看到一位德高望重的医生从繁忙的工作中抽开身，耐心地帮助一位头一次到医院就诊而茫然的患者找到他的目的地时，你也非常希望能真正帮到一位需要帮助的人。

当下关于激励的理论主要有两类：①内容型激励理论，比如马斯洛的需要层次论、赫茨伯格的双因素论、美国心理学家亚当斯提出的 ERG 理论（生存需求、关系需求及成长需求）、麦克利兰的需要理论等；②过程型激励理论，比如期望理论、公平理论、目标设置理论、波特和劳勒的激励过程模型、强化理论等。

9. 敬佩

汉语词典将“敬佩（admire）”解释为敬重且佩服。敬佩一般用于对某人处事能力超出常人，或是品德特别高尚的人的一种尊敬佩服的心理状态。除了对人外，敬佩也用于表达对事物或大自然的一种自我超越的情绪，一种发自内心的心理体验。在情感上，敬佩常与大自然的伟大创造、民族的伟大进步或者超凡魅力的领导人物结合在一起，人的内心会被久久激荡。

10. 爱

“爱（love）”之所以放在最后来讲，是因为它蕴含着上述所讲的 9 大积极情绪的精髓，当这些良好的情绪或感觉与一种安全且亲密的关系相联系后，在心灵深处涌动的一种美妙感觉称为爱。这种感情起源于人和人之间的亲密关系或者人和事物之间的联结，也起源于钦佩、慈悲或者共同的利益。

心理学家认为：①爱是一种强烈的、积极的情感状态和心理状态，它代表着对人或事物有深切真挚的感情；②爱并不仅仅是一种情感或者状态，爱更是一种能力、一种行动，一种站在他人角度帮助人成长、感受美好的能力；③爱是人类的一种积极力量，爱会让人克服寂寞感和孤独感；④爱往往意味着一种给予、责任感、尊敬和理解；⑤爱会带来温暖的吸引、强烈的热情以及无私的付出；⑥爱允许人有自己的个性，允许人保持自己的完满性。

当代哲学对于“爱是什么”也有4种回答：①爱是情感，代表着一种态度，既包含主体对爱的对象的一种评估（比如对方很优秀、很美、很善良），也包含主体的一种欲望和动机，（比如希望对方成为自己的伴侣）；②爱是身份上的认同，当爱一个对象时，不再将对方看作一个孤立的个体，而将其与自己视作一个整体；③爱是对对方价值的承认和认可；④爱是关怀，爱的本质是一种希望对方幸福的关怀。

二、积极情绪的6个真相

弗雷德里克森认为积极情绪能够让人们的思维更开阔，思维更加发散，能激发更大的创造力。思维的扩展带来的益处具有隐藏性和长期性，如山间的溪流经年流淌，润物细无声，从长远来讲，能提升一个人的健康水平和幸福感。因为当一个人长期处于压力或者过多过久暴露于消极情绪时，会导致心跳加速，血压升高，免疫抑制，对心血管产生极大的影响，而积极情绪可以帮助长期处于压力或消极情绪下的个体恢复到正常的基线水平，这种情况称为“撤销效应”。不过，弗雷德里克森进一步指出，积极情绪固然重要，但也不能一味追求积极情绪，而忽视或放任消极情绪，积极情绪过多会使人狂妄而浮夸，消极情绪过多则使人悲观消沉，只有两者达到一个适度的比例，才能最大程度提升幸福感。

为此，弗雷德里克森在《情绪的力量》一书中揭示了关于积极情绪的6个真相：①积极情绪让我们感觉良好。积极情绪能够使我们感觉自己像春天里的一朵花，在和煦阳光的照射下，向着阳光开放，植物学家称这种现象为“向光性”，人类学家或心理学家称之为“向积极情绪”。②积极情绪能够改变我们的思维。一旦我们的感觉朝向积极情绪，我们的思维就像迎着阳光的向日葵，尽情舒展，思维奔放。③积极情绪能够抑制消极情绪。积极情绪能够扩展思维，开放视野，但是这种影响仅是暂时的，正如有些因阳光消失后会闭合的花。积极情绪褪去，消极情绪会涌上来，导致扩展的思维受到抑制。我们的思维活动不断在扩展和收缩之间循环往复，且没有固定的频率。正因为这种循环往复，导致积极情绪不至于过度狂妄而浮夸，又会让消极情绪及时刹车。④积极情绪受到一个临界点的调控。积极情绪和消极情绪可以类比花的向阳开放和向暗闭合，向阳开放的"阳"实质上隐含"温度"的效应，太阳出来了，温度就高了，生活中的情绪气氛被点燃了。这里的"燃点"，可以理解为调节积极情绪的"临界点"，也可以理解为物理学中的"平衡点"。⑤我们可以提高自己的积极情绪，有两种途径可以让我们的生活更加积极向上，一是提高积极情绪的比重，二是降低消极情绪的比重。⑥积极情绪能够改变我们的未来。事实证明，长期让积极 / 消极情绪保持一个合理的比值，未来基本上不会差。

三、积极率及测试

弗雷德里克森在《积极情绪的力量》一书中提出了"积极率"的概念。积极率是指生活中出现的积极情绪与消极情绪的比值。弗雷德里克森通过研究发现，无论个人家庭或组织，能够引发蓬勃发展的积极率都是 3∶1，在这个比值中，消极情绪是分母，积极情绪是分子。但是，弗雷德里克森指出了一个较为悲观的现实，现实生活中绝大部分的人的积极率都低于 3∶1，平均在 2∶1 左右。《积极情绪的力量》一书中提供了积极情绪自我测试的工具（表 1–3）。

表 1–3　积极情绪自我测试

你在过去的 24 小时中感觉如何？回顾过去的一天，利用下面的量表，填写你体验到下列每一种情绪的最大量。（积极率大于 3 提示处于欣欣向荣的精神状态） 0 分 = 一点都没有　1 分 = 有一点　2 分 = 中等　3 分 = 很多　4 分 = 非常多	
题目叙述	得分 / 分
1. 你所感觉到的逗趣、好玩或可笑的最大程度有多少？	
2. 你所感觉到的生气、愤怒或懊恼的最大程度有多少？	
3. 你所感觉到的羞愧、屈辱或丢脸的最大程度有多少？	
4. 你所感觉到的敬佩、惊奇或叹为观止的最大程度有多少？	
5. 你所感觉到的轻蔑、藐视或鄙夷的最大程度有多少？	
6. 你所感觉到的反感、讨厌或厌恶的最大程度有多少？	

续表

7. 你所感觉到的尴尬、难为情或羞愧的最大程度有多少？	
8. 你所感觉到的感激、赞赏或感恩的最大程度有多少？	
9. 你所感觉到的内疚、忏悔或应受谴责的最大程度有多少？	
10. 你所感觉到的仇恨、不信任或怀疑的最大程度有多少？	
11. 你所感觉到的希望、乐观或备受鼓舞的最大程度有多少？	
12. 你所感觉到的激励、振奋或兴高采烈的最大程度有多少？	
13. 你所感觉到的兴趣、吸引注意或好奇的最大程度有多少？	
14. 你所感觉到的快乐、高兴或幸福的最大程度有多少？	
15. 你所感觉到的爱、亲密感或信任的最大程度有多少？	
16. 你所感觉到的自豪、自信或自我肯定的最大程度有多少？	
17. 你所感觉到的悲伤、消沉或不幸的最大程度有多少？	
18. 你所感觉到的恐惧、害怕或担心的最大程度有多少？	
19. 你所感觉到的宁静、满足或平和的最大程度有多少？	
20. 你所感觉到的压力、紧张或不堪重负的最大程度有多少？	
评分步骤： 1. 回顾并圈出反映积极情绪的 10 个项目，即那些包含下列词语的项目：逗趣、敬佩、感激、希望、激励、兴趣、快乐、爱、自豪和宁静。 2. 回顾并画出 10 个反映消极情绪的项目，即那些包含下列词语的项目：愤怒、羞愧、轻蔑、厌恶、尴尬、内疚、仇恨、悲伤、恐惧和压力。 3. 数一数圈出的积极情绪项目中，被你评定为 2 分或以上的有多少。 4. 数一数画线的消极情绪项目中，被你评定为 1 分或以上的有多少。 5. 将你的积极情绪得分除以你的消极情绪得分，算出你今天的积极率。如果你今天的消极情绪数量为 0 分，用 1 分来代替它，以避免除数为零的问题。	
解释： 这个测试只提供了一个大概的参照。每个人的情绪都随时间而变化。鉴于你不断变化的情绪，任何测量你积极率的单一指标都只能描述出大概的状况。此外，当涉及情绪的时候，没有哪种测量工具是完美的。无论科学家依靠的是调查问卷，还是复杂的生理指标，所有对于情绪的测量都含有一定程度的随机误差和偏差。	

四、如何增加积极情绪

积极情绪与消极情绪的比率可以比喻成浮力与重力间的平衡，积极情绪就是浮力，一种往上的力量，而消极情绪则可以看成重力，是一种向下的力量。有两种途径可以让我们的生活更加积极向上，一是提高积极情绪的比重，二是降低消极情绪的比重。本节重点探索如何增加积极情绪，在下节重点探讨如何利用和降低消极情绪。下面列举了一些增加积极情绪的方法。

1. 生活尽量真诚

生活尽量真诚，字典中对“真诚”的解释是指真心实意，坦诚相待，以从心底感动他人而最终获得他人的信任。真诚是一种品质，是我们对待生活的态度。真诚可以帮助我们更好地认识自己，发现自己的优点和不足，更好地面对自己的内心，从而更好地成长和发展。真诚可以让我们与他人建立真实、深入的联系。在日常生活中，无论是面对家人、朋友还是陌生人，都应该坦诚相待，并学会接受他人的真诚。总之，无论遇见任何人，真诚对待才能走进别人心里，无论碰到任何事，永远都要保持善良的本性。美丽的外表也许会打动别人，但是真诚的内心更能感动别人。

2. 寻找生命的意义

“生命的意义”这个话题，是自古以来一直困扰着人类的一个问题，似乎也越来越难以给出一个简单而精确的答案。生命的意义具有多元性。生命的意义首先体现为存在的价值，生命的存在本身就是一种价值，它是宇宙中的奇迹，是宇宙自身的表现。生命的第二层意义体现在行动的价值，通过发掘自己的潜力和优势，发挥自己的特长，去实现自己的价值和意义，去为社会做出贡献，去帮助他人实现他们的生命价值和意义。生命的意义不仅仅是存在和行动的问题，它也包括我们对生命的体验和感受。因此，生命的第三层意义体现在从实践中寻找并体验生命的意义。除此之外，“生命的意义”还具有第四层意义，即追求生命的意义和目标。

体验生命的意义需要我们做到以下几点：①我们需要关注当下的生活体验，珍惜和享受生命中当下的美好和幸福。②我们需要接纳和面对生命中的挑战和痛苦。每个人的生命都不是一帆风顺的，它会遇到挫折和困难，会有痛苦和失落，正是这些挑战和痛苦，让我们更加深刻地认识到生命的意义和价值，接纳和面对生命中的挑战和痛苦，我们才能真正成长和进步。③我们要为生活制定目标和方向，生活的目标和方向需要根据我们自己的兴趣、价值观和梦想所确定，为此，我们需要不断地探索和寻找。

3. 品位美好

“品位”在现实生活中一般是指一个人的判断力，可以引申为对待事情的观点和看法。著名的英国哲学家大卫·休谟在短篇论文《论品位的标准》中，指出品位是人类进行价值判断的能力体现，在开始的时候可能是自发的，但可以通过细心的观察与教育加以培养。在他看来，一个有品位的鉴赏家必须具备的条件是敏锐的感官，以及在此基础上通过实践得以提升、通过比较得以完善且扫除了一切偏见的精确感觉。休谟认为，对外界事物的美学特征具有特殊敏感性的人，是决定什么是艺术的最佳人选。休谟还认为品位有高低之分，这是对相对主义者所认为的“品位没有高低好坏，萝卜白菜各有所爱”的论调的否定。

除了休谟，德国哲学家康德对品位也有自己独特的见解。康德在他的经典著作《判断力批判》中强调：好的审美态度应该是一种“不涉及利益的兴趣”，他认为纯粹的感官享受和理性目的都不是理想的品位。那什么是“涉及利益的兴趣”的审美？打个比方，如果一个人喜欢一个异性是由于外貌与身材，这是贪图感官享受；如果是由于有钱有势或有房有车，这是出于理性目的。这两种都是“涉及利益的兴趣”，都不叫有品位。

当然，康德的理论也有局限性，甚至不切实际。但是，如果将休谟和康德的观点结合起来，可能得到对“品位”这一概念的完整理解，即只有当“喜欢的”与“美好的”的二者能够准确结合，一个人才能因为品位卓越而享受到更多的生活乐趣，甚至赢得更高的生活质量。换一种说法就是，如果你能够对那些真正美好的事物产生快乐情绪并激活大脑中的奖励中枢，那么你在日常生活中就会表现为一个有品位的人。

4. 数数自己的福气

“福气”是什么？是父母健康、赡养无忧？是事业顺利、衣食无忧？是儿女聪慧、养育无忧？是家庭和睦、万事无忧？如果这些“福气”你一样都沾不上边，难道你就是一个倒霉蛋，就是一个没有“福气”的人？

实际上，福气到底是什么？相信每个人对“福气”的理解都各不相同。从心理学、社会学和哲学的角度，福气被理解为“一种轻松、满足的心理状态，一种行善福返的因果关系，一种前世今生的持续修行”。

《积极情绪的力量》一书中将“福气”看作是一个极其容易实现的目标，只需要转换一下看待问题的思维方式或视角，比如将平时认为不好的事件、不待见的人重新定义，对普通的、平凡的甚至沉闷的事情放在不同的心境下重新思考，会发现日常生活中的平凡都是“福气”。将看似平凡的事件当成福气，所带来的收获在人际关系方面更为显著。心理学家们为此专门进行了试验性研究，即通过记“感恩”日记的方式，鼓励人们每天写下热爱的5样东西，并声称“这个简单的做法将改变你的整个人生观”。研究是通过随机化的方式进行的。试验组的人需要每天定期记录使他们感激的事物，对照组或者记录其他方面的日志，或者什么任务都没有安排。试验结果表明：定期将注意力投入生活中并努力发现生活中的“福气”或“美好”的试验组，积极情绪得到了提高，且在一周中的几天记录比每天记录积极情绪提高的更多。

5. 计算善意

“善意”的中文释义是指好意、好心。善意来自两个方向，一个是收获他人给予的善，另一个是给予别人的善。“数数自己的福气”多指第一种善，即用心感受并收获他人给予的善。“计算善意”更多的是自己真心赋予别人多少善。渴望收获善意，是每个人的本质，但选择给予善意，则是一个人最高级的修养。

“爱人者，人恒爱之”出自《孟子》，意指唯有行善释爱的人，才能得到他人的爱与“良善”，说的是爱和善良是一种双向的奔赴。善良不是天赋异禀，而是一种价值选择，行善从不需刻意为之，而是愉快自然之举。善良也是一个人的能力。真正的善良，是行善而不张扬，是如风如阳，润物无声，照亮自己，也温暖他人。善良是治愈生活的良药。曾子曾言：“人而好善，福虽未至，祸其远矣。”说的是种善因、得善果，善良的人收获的，必定是加倍的善意，灾祸也远离他。“乐莫乐于好善”，古人认为善能带给人更大的福报，行于人世间，最大的快乐莫过于以豁达之心行善于人。赠人玫瑰，手有余香，当你将香水喷向他人的同时，散落在自己身上的余香会更加动人。

6. 追随激情

心理学上，“激情”可理解为“获得心流体验的独一无二的活动”。“心流（flow）”是一种人们在专注进行某种活动时所表现的心理状态，是一种将个人精神力完全投注在某种活动上的感觉，心流产生时会有高度的兴奋及充实感。“心流”是由匈牙利籍心理学家、积极心理学奠基人米哈里·契克森米哈赖于30年前通过大量案例研究开创性地提出的一个概念。契克森米哈赖发现，当人们从事一些有挑战性、有技能要求、有明确目标和及时反馈的活动时，就很容易进入一种全神贯注、忘我投入、时间飞逝、感到愉悦和满足的状态，这就是“心流”，契克森米哈赖将之称为“最佳体验”。

契克森米哈赖总结“心流”有以下几个方面的心理特征：①注意力完全集中，不会被其他无关的事物分散或打扰，有助于提高效率和质量，减少错误和压力；②意识和行动融为一体，这样可以使人感觉自己对环境和动作有主控感，也可以增强自我效能感；③内心评判声音消失，处于“心流”状态的人会暂时忘记自己的自我意识，不会受到内心评判声音的影响，这样可以使人摆脱对失败、批评或社会期待的恐惧，也可以避免过度分析；④时间感消失，处于“心流”状态的人通常会觉得时间过得很快，或者根本不注意时间的流逝，这样可以更加专注于当下，享受过程而不只是结果；⑤强烈的自主感，处于“心流”状态的人会感觉自己是出于内在动机而不是外在压力去做某件事情，这可以使人更加热爱所做的事情，增加创造力和灵活性；⑥强烈的愉悦感，处于“心流”状态的人会感觉到一种强烈的愉悦感和满足感，这使人更加幸福，也增强了自我价值感和生命意义感。

（谢翠娟　程艺源）

第三节 消极情绪的力量

上一节介绍了10种积极情绪及其对我们生活的影响，以及如何增加我们生活中的积极情绪。实际上，心理学和社会学领域长期以来一直关注的是消极情绪对身心健康的影响，其主要原因是消极情绪是维持生存的一种手段，能帮助人们更好地生存下来。比如，当遭受威胁时的战斗和逃跑反应。另一大原因是消极情绪（比如悲伤、抑郁、焦虑、恐惧、厌恶、愤怒、愧疚、烦躁、紧张、担忧、痛苦、绝望、无聊等）对人类的身心健康产生了严重影响，造成了极大的疾病负担。当长期处于压力或者暴露于消极情绪时，会导致心跳加速，血压升高，免疫抑制，对心血管系统产生极大的影响，对精神健康也危害极大。其实，除了维持生存以及对我们身心产生的负向影响外，心理学家们逐渐关注消极情绪的积极的一面，研究发现，消极情绪也可能带给我们神奇的力量。

美国特种兵选拔中有一项魔鬼测试：士兵们需要在剥夺睡眠和忍受饥渴的条件下背着30千克重的装备跑步，但没有人知道这项测试什么时候结束，终点在哪里。士兵们从启程开始就面临着艰难的抉择。有的人认为是一个短跑比赛，一开始就开足马力；而有的人认为可能是一项全程马拉松，一开始就小心谨慎；有的人特立独行，相信自己的坚强意志，也坚信这项测试考验的就是人的意志；而有的人则抱团取暖，相互打气，互帮互助；也有许多人因为不知道这项测试何时会结束，精神一度面临崩溃。

上述这种测试的目的是考核士兵的性格特质和抗压力能力，心理学家将这种能力的测试称为“痛苦耐受性”。拥有这项特质的人能够经受各种恶劣环境的考验、勇敢面对各种负面情绪而不是一味回避、能够忍受各种负面情绪所带来的不适、从消极情绪中汲取能量。他们骨子里的这种坚强与韧劲，可以让他们更加强壮，使他们的适应力更强，幸福感也更持久。

随着心理学的发展以及研究的深入，心理学家逐渐认识到无论是积极情绪还是消极情绪都是生活的必需品。当我们处于某种情境时，不要轻易或者简单地将内心的状态贴上“好”或“坏”“积极”或“消极”的标签，而是要思考它们在特定情境下的作用。

本节主要介绍心理学和社会学领域对“消极情绪”的正解以及如何从消极情绪中获得正能量。

一、正确认识消极情绪

1. 舒适的生活不能让人更积极

很多指标都提示我们生活在比较舒适的生活环境中。无论天气炎热还是天寒地冻，都有空调、地暖等设备为你保驾护航。我们的社区环境更加优美整洁，城市处处都是健身步道和湿地公园，农村逐渐打造为城市人的后花园。无论何时何地，只要有智能手机，你就不会寂寞无聊。下班回家，第一件事就是打开电视，咸鱼躺……随着我们在追求舒适和享乐的过程中越走越远，却逐渐沉迷于自己的“舒适区”。

从另外一个角度看，舒适的生活没有让我们获得想象的快乐。想想当今社会充斥我们耳目的各种新闻头条，看看医院的精神门诊科室天天爆满的患者，你大概就能了解目前多少人深受焦虑、抑郁以及各种精神障碍的折磨。追求舒适的生活的背后实际上是对痛苦和精神压力的逃避，比如，很多下班回家选择与电视和电脑为伴，实际上是讨厌或者逃避和家人的亲密或亲近。

2. 生活越舒适，越恐惧消极情绪

上面提到沉迷于自己的“舒适区”可以理解为一种现代病，心理学认为这种现代病源于对消极情绪的拒绝。著名心理学家弗洛伊德曾对舒适感有过论述，他认为舒适感既是诱惑又是危险，追求享乐的动机不是享乐本身，而是将导致自私的决策，并最终引发负面的社交结果。哲学家黑格尔也说过“舒适是一种不知疲倦、永无止境的追求”，他认为舒适渴望只是一种被欺骗的幻觉，这种感觉有点类似咖啡上瘾。

工业社会带给我们更多的生活舒适和便利，生活节奏也越来越快，“速度就是效率”是现代社会的口头禅。但是，随着生活的越来越便利，你会发现人心也越来越急躁，稍微在路上堵下车或者买东西排排队，你就感觉到愤怒、难以忍受。这都表明，生活越舒适，越没有耐心应对困难和生活中的挫折。

针对生活越舒适、应对困难的能力越来越不足甚至恐惧的情况，在20世纪中叶，有心理学家提出了“经验性回避”的概念，即鼓励人们采取主动措施压制生活中的消极情绪和想法，从而避免不愉快的体验。但是，事实上，你越是极力控制、压抑，当面对真正无法控制的突发情况时，就会越来越不知所措。而且，我们在日常生活中产生的种种不确定性、怀疑、空虚感以及对其他各种消极情绪的抗拒和不适应，也是“经验性回避”所导致的弊端。

3. 舒适不能让人更积极的原因

著名的心理学家菲利普·布里克蔓曾经做过一项有趣的研究，观察两组经历不同遭遇的人幸福感的变化。一组是刚中了彩票，一夜之间变成大富翁的人；另一组是刚遭遇了交通事故，导致身体重度残疾的人。凭想象，中了彩票的那些人幸福感要比以前多，发生车祸的人则降低很多。但是，经过一段时间的观察后，结局令人意想不到。那些中彩票的人幸福感又降到从前，遭遇车祸者也是如此。为了解释这种现象，有必要了解大脑的工作原理。

大脑的工作原理可以简单地概括为：大脑只喜欢熟悉的东西，竭尽全力维持我们平时熟悉的东西，而不是下意识地选择有益的东西。大脑之所以这样工作，是因为“活着”和“生存”是我们的祖先最大的人生目标，对于每天被无数威胁和危险包围着的祖先而言，“生活质量”不是他们考虑的内容。大脑的这种工作原理至今存留在现代人的大脑中，且在大脑中占据了稳固的地位，心理学家称之为“习惯的力量”或“习惯的效应”。

不仅如此，大脑的这种“习惯的力量”还有扩大的效应。比如，某天发生了一件不愉快的事情，使情绪受到很大的影响，感到“不安”，如果大脑习惯了这种“不安”，就会更加关注引发不安的事情，一旦再发生“不安”的事情，大脑的担心和不安会比实际发生的事情更加严重。反之，如果大脑习惯“幸福”这种情绪，一旦发生了心情愉悦的事情，大脑就会表现出更大的关心，还会将产生的幸福感扩大。

因此，如果要深入理解、调节自己的情绪，有必要清楚“情绪也是一种习惯”的观点。

4. 情绪习惯的作用方式

前面提到的大脑“习惯的力量”的扩大效应，这种效应可能是大脑交感神经的习惯性兴奋作用。交感神经是身体的一种应激系统，当受到压力的时候，大脑会发号施令让身体的各个部分都兴奋起来，以应对危机。交感神经兴奋引起肌肉的紧张，肌肉的紧张需要消耗大量的氧气，心脏就会加速跳动，血压就会随之升高。如果遭到威胁、恐惧或压力性事件，身体会冒冷汗。为了集中精力向肌肉提供能量，流向消化器官中的血液就会减少，消化能力也降低了。另外，神经末梢的供血也会不足，手指尖和脚趾会出现麻木和颤抖。肌肉的紧张会导致疼痛和揪心的感觉。这些都是遭受压力的共性反应，任何人遭受压力的时候都会出现。

上述这种反应的后果是之后无论遭受什么形式的压力，或者即使没有遭受压力性事件，每当回忆之前发生的一些压力性事件，这些事件就会像阴影一样萦绕在脑海中，因为大脑已经记住了当时交感神经的兴奋状态。情绪也是一样，情绪的习惯性效应同样可以用交感神经的兴奋来解释。因为交感神经的兴奋，不仅对身体产生影响，还对情绪有非常直接的影响。

5. 经常不安增加压力敏感性

经常感到有压力的人对压力的敏感性更高。交感神经在没有压力的时候，不兴奋，维持在平稳水平。但是，一旦出现压力的时候，交感神经就会兴奋。如果压力尚未达到某临界点（阈值）的时候，交感神经的兴奋一般不会引发心跳加速、不安或流汗等反应性症状。但是，一旦兴奋度达到阈值，这些症状就会出现。

需要注意的是，即使压力的强度没能触发神经的兴奋性达到引起反应的程度，交感神经也会不知不觉地变得紧张，然后逐渐放松，随着压力的逐渐消失，兴奋度逐渐降低。如果压力反反复复出现，交感神经的反应会有所不同。交感神经在反复的压力刺激下，其敏感度会逐渐上升，即压力的强度在临界点以下也会激发交感神经的兴奋性反应，引发系列症状的发生。那些经常感到不安的人，其交感神经会变得异常敏感，即使很小的刺激也会让他们感到不安。无数次微小的刺激会形成恶性循环，这种恶性循环是促成情绪习惯形成的一种重要因素。

另外一点更值得注意，就是大脑不能识别具体的情绪（比如抑郁、不安、孤独、恐惧、愤怒等），也意味着交感神经不会根据不同的情绪做出完全不同的反应，尽管反应上有稍许的差异。因此，不难解释，长期的不安会导致抑郁症的发生，只是“变脸”后的情绪习惯而已。同样不难解释的是“完全相反的两个事物其实很相似”，意思是说，极与极是相通的，情绪也是如此。情绪习惯并不是靠一种情绪持续维持的，而是两种完全相反的情绪习惯通过交换“面具”的方式维持下去。

二、消极情绪的应对策略

1. 回避不如积极面对

生活中难免遇到各种不可避免的挑战（比如亲人去世、夫妻离婚、晋升无望、自然灾害等），如果回避或者不愿面对，会让我们备受煎熬。如果尝试去面对，情况可能会好很多。科学研究表明，那些通常被定义为消极的情绪或事情往往比积极的事情能获得更大的健康益处：①高龄老人普遍觉得消极的感受（比如时不时身上有点疼痛或不舒服）更能促进他们采取积极的应对措施维持自身的健康，更加富有活力；②在遭遇家暴时，如果你选择容忍对方的身体或言语的暴力，往往会再次遭遇暴力，如果拒绝原谅而选择报警，则可能不会再次受到同样的侵害；③在工作中遇到麻烦和挑战带来的压力往往会激励你更好地完成任务，可能会更加激发你的创造性，经历过积极情绪和消极情绪的人比只有积极情绪体验的人提出的点子更好些，等等。总之，消极情绪并不是一无是处，在很多情况下，适当的消极情绪是有用的，也是一种“正能量”。能够忍受消极情绪并努力调整自身状态是适应力的表现，如果回避消极情绪或者压抑自己的消极情绪，对提高工作热情和个人成长没有好处。下面介绍应对消极情绪的几种思维。

2. 应对消极情绪的几种思维

应对消极情绪主要有以下几种常见的思维方式。

其一，反驳消极思维。当我们陷入消极思维时，需要及时意识到已经处于某种消极思维当中了，这很关键。可以采用的反驳语句有：①后果没有想象的那么严重，可能自己夸大了后果的严重程度；②事实已经发生，再陷入苦恼也毫无意义，我们应该做的是反思并从这件事当中总结经验，避免两次踩到同一个坑。

其二，打破不良的思维反刍。不良的思维反刍是指当我们经历了负性事件后，可能会对事件、自身消极情绪状态及其可能产生的原因和后果进行反复、被动思考。这种反刍会让我们的思维停留在对一个问题无限制的担忧中而不知所措，情绪低落。这种思维模式是比较可怕的，它会极力煽动着消极情绪的气焰，吞噬积极情绪，让积极率一落千丈，生活也因此离欣欣向荣的道路越来越远。要摆脱思维反刍的魔咒，具体的做法是：①我们必须认识到自己已经陷入了思维反刍中，并且这种无休止的反刍苦思会让自己陷入无止境的抑郁和情绪低落中；②做一些有益健康的事情，让注意力分散，比如慢跑、游泳、冥想、瑜伽、阅读等。需要强调的是，必须采取的是有益身心的健康的活动，拒绝喝酒、药物麻痹，拒绝暴饮暴食，拒绝看暴力电视、电影节目和听悲伤的歌曲，因为这些活动对摆脱消极情绪毫无益处。

其三，提升觉知力，即对一些消极的事情不反应、不回应，专注于当前正在做的事情和目标的实现。觉知力的关键在于，它切断了消极思维和消极情绪之间的纽带，让消极思维在引起消极情绪前被消除。我们生活的这个世界每时每秒都在发生一些糟糕的事情，比如枪击、战争、火灾、死亡、饥饿等，各种媒体暴力信息也无时无刻不在冲击我们的视觉和心灵，我们尽可能地采取转移、忽视等手段，充分发挥我们的心理这台可以操控的机器的作用。

3. 反思自己的人际关系

我们的情绪一般都是在与他人的关系中产生的，人际关系是情绪和情绪发生作用的产物，不包含情绪要素的人际关系是不存在的。如果情绪一旦变成习惯，就意味着人际关系的模式也成了习惯。我们的大脑努力维持并巩固着日积月累形成的人际关系，逐渐形成了习惯。我们之所以会在人际关系中反复受到伤害，是因为我们一直重复着相同的人际关系模式。心理学家总结了三大影响我们情绪的人际关系模式，分别为亲密感暴食型、亲密感放弃型和亲密感拒绝型。

亲密感暴食型的人，长期缺乏亲密感，只要有机会就会像暴饮暴食的人一样，为了确保足够的亲密感而不懈地努力，正如长期挨饿的人一旦得到了一顿美味的食物，就会大吃一顿，结果出现了胃肠道严重不适的问题。亲密感暴食型人际关系习惯的主要表现：①过度渴求对方的关心；②因为担心被抛弃而随时随地确认对方对自己的爱；③过度依赖对方，无条件接受对方的爱；④自己不做决定，无条件按照对方的决定做事情。

亲密感放弃型的人，很清楚自己的亲密需求，虽然很想与别人交往、交流，参加各种社交活动，但是想到会以失败告终，让自己受伤，心灵蒙上阴影，因此始终无法主动行动。亲密感放弃型人际关系习惯的主要表现：①认为自己无论如何都没有办法跟别人亲密起来；②认为自己在很多方面跟别人都不太一样；③经常产生被别人疏远的感觉；④认为别人完全了解自己之后就会离开自己；⑤认为自己有很多缺点。

亲密感拒绝型的人，完全否定自己的亲密需求，就像厌食症患者对美食不屑一顾一样。这种人可能在早年的生活中出现了亲密感缺失而对亲密感不敏感，甚至认为别人的亲密感影响了自己的生活和工作。亲密感拒绝型人际关系习惯的主要表现：①总是对别人的意图怀疑、不信任，不相信任何人；②对别人的观点和想法毫不关心，我行我素；③只将注意力集中在与工作有关的事情上；④表现得像王子或公主，不懂得关心别人，给人一种自私自利的感觉。

4. 重塑自己的人际关系

上述介绍的 3 种影响我们情绪的人际关系模式，对自己或他人都可能产生伤害，需要重新建立健康的人际关系。但这可能是一个极其艰难的过程，因为拥有这些习惯的大脑会竭尽全力维持这些关系。为了从影响我们情绪的人际关系模式中摆脱出来，在上面介绍的几种思维方法的基础上，重点强化反向思维方法的应用。

亲密感暴食型的人，总是感觉存在亲密关系的人会离开自己。具有这种习惯思维的人可以反向思考一下：是不是自己的极端做法让对方越离越远，而不是对方想远离自己？过分服从和依赖他人的人也是如此，这样的人能够做的是努力让自己强大，让自己有主见，不怕自己的想法和思路被人笑话。当然，想摆脱此种不良的思维习惯，需要一定的时间。

亲密感放弃型的人，有亲密感需求，但是比较自卑，总感觉自己有很多缺点或缺陷。具有这种习惯思维的人可以将自己与他人的不同之处写在纸上，然后客观评价每一项，看一看自己是不是真的如自己想象的那样糟糕。如果真的有些方面不如别人，可以积极想一想有没有解决的办法，如果有，努力解决，如果没有办法，可以忽视。金无足赤、人无完人，谁没有短板呢，承认和正视即可。

亲密感拒绝型的人，可能从小存在亲密关系的缺失或者成年后受到心灵的创伤，关闭了心灵的窗户，不仅害怕被伤害，还出现攻击和伤害他人的行为。这种类型的人需要打开窗户，多发现窗外的美好，多发现别人的美，多挖掘这个世界的美好。

总之，只有修复好与自己的关系，才能修复与他人的关系。

5. 追求圆满的心境

追求圆满的心境具有积极价值。笔者是一名高校教师，除了完成必需的教学工作量外，长期以来致力于中老年慢性病管理方面的研究工作。笔者也经常幻想，如果自己是一家养老机构的合伙人，可能会在很多方面有所作为，想想心里都美滋滋的。时常抱有精神方面的幻想，心理学上认为这也是一种核心特质，即

“追求心境圆满的特质”。具备这种特质的人能很好处理生活中的各种事情，拥有灵活的情绪掌控力，在任何情况下都能做出恰当的反应，当然这里的反应可能是积极的，也可能是消极的。心境圆满的人会带给自己强大的力量。这种人不受社会偏见和世俗偏见的影响，在情绪、社交和心理方面有灵活的掌控能力。

追求心境圆满意味着对消极情绪的接纳。心理学家阿尔弗雷德·阿德勒和哈尔·赫什菲尔德曾经随访了47名接受心理治疗的人，这些人都是因为焦虑或抑郁接受治疗。这两位心理学家想知道，心理治疗如何帮助人们解决情绪困扰、提升生活质量，并能真正做到接纳自己。结果发现，这些接受治疗的人生活中的消极情绪并没有变少、积极情绪也没有变得更多，但是他们比接受治疗前开心了很多。分析发现，让他们状态变好的真正原因是，他们比以前更能接纳生活中的各种酸甜苦辣。

举个现实生活中的例子。笔者生活的小区经常碰到一个风风火火的快递小哥，因为他待人热情，碰到需要帮助的人也会主动提供帮助。有一次跟他聊天，发现他近期过得很不顺。他的妻子第3次怀孕，已经10周了，检查显示一切状况良好，他很开心。实际上，在一年前，他经历了人生一次非常沉重的打击，第2次怀孕的妻子在接近临产时，胎儿因为宫内缺氧窒息而亡。当他的妻子再次怀孕，看到希望的同时却很焦虑，因为疫情，他失去了工作，而且岳母突发中风，情况很不好，这些让他感受到生命无法承受之重。不过，我也看到他眼中的希望、坚强和感激。他是带着妻儿一起到外乡打工的人，他人好，帮助别人的同时也时常得到别人的帮助，因而他仍然对生活中美好的事物充满热爱、感激和信心。

心理学家的研究以及快递小哥的故事给我们的主要启示：所有心理状态都有可取之处，积极的情绪和消极的情绪都是生活的常态，与其朝着一个方向努力，不如学会利用各种状态带来的好处。只有以平常心应对生活中的起起落落、欢喜和悲伤，我们才能真正成为情绪的主人。

（王珍　黄可瀚）

第四节 心流体验八要素

著名心理学家、积极心理学奠基人米哈里·契克森米哈赖在30多年前通过大量的研究，开创性地提出了“心流”的概念。“心流”是指我们在做某些事情时的一种全神贯注、投入忘我的状态。处在这种状态下，感觉不到时间的存在，事情完成后即使身体极其疲惫，但仍然充满正能量并且非常满足。相信这种体验我们每个人在生命的历程中都经历过，尤其是在做我们非常喜欢、有挑战性且比较擅长的事情的时候。为了我们能在日常生活和工作中、休闲娱乐以及人际交往中也能进入“心流”状态，获得最优体验和幸福感，让幸福感无处不在，本节在诠释契克森米哈赖提出的“心流”概念基础上重点介绍其提出的“心流”体验八大基本要素。

一、“心流”概念诠释

契克森米哈赖提出的“心流”概念涉及3个关键词：一是幸福；二是最优体验；三是精神熵。

幸福是人类永恒的话题，契克森米哈赖引用了奥地利心理学家维克多·弗兰克对幸福的诠释：“幸福感根本不是作为目标而浮现在人们的追求面前，只不过表现为达到目标的某种附带现象。”契克森米哈赖很认可这种说法，证明幸福不是人生的主题，而是附带现象。幸福是一个人全身心地投入到一桩事情中达到忘我的程度，并由此获得内心秩序和安宁的状态。契克森米哈赖关于幸福的理解可归纳为：①幸福难能可贵，主要是在宇宙初创之时就没有以人类的安逸舒适作为优先考虑。宇宙广袤无边，处处都是威胁人类生存的空洞、沙漠和冰川，人类和动物的一切活动首先是为了生存和繁衍的需要（比如大马哈鱼逆江而上，产卵而死去，人类性交时间的短促）。人类与动物的最大区别是人类神经系统过于发达，能够感知和摄取更多的信息，有利于生存，但也更苦恼，多知多畏，多知多忧。

②金钱不能让人幸福，追求感官的片刻享乐也是幸福的误区。③人类有一个超大的意识系统，意识系统需要秩序，无序时就会焦虑、烦躁，幸福就是让意识系统维持“好的生存状态”。

契克森米哈赖提出的“精神熵”的概念是基于热力学的基础定律，即“能量守恒定律”和“能量转化定律”。“熵”是无序状态的度量。“精神熵”是指资讯对意识的目标和结构的威胁而导致内心失去秩序。契克森米哈赖认为“精神熵是常态”，其反面为最优体验。清华大学社会科学院积极心理学研究中心赵昱鲲对“精神熵”进行了阐释：熵是指一个系统的混乱程度，越混乱，熵值越高。比如，在固态冰中，水分子相对固定在一个位置附近振动，系统比较稳定，熵值比较低。变成液态水后，分子开始流动，熵值变大，而变为水蒸气后，水分子四处乱窜，熵值就更大了。人大脑中的念头也是一样，不工作躺在床上胡思乱想的时候，意识领域和潜意识领域的各种念头如失去了指挥的马四处狂奔，一片混乱，熵值就非常高。但是，如果进入了心流状态，就不一样了，所有的注意力都集中在当前的任务上了，与任务无关的念头都被完全屏蔽了，留在大脑里高速运转的念头都是非常规律、有序的，熵值就非常低了。心里的念头犹如一条钢铁洪流，浩浩荡荡而又井然有序，这就是契克森米哈赖真正意义上的心流，即最优体验。心流是大脑的生命，当“精神熵”比较高的时候，大脑一片混乱的状态，大脑做功能力很低，很多心理能量都浪费在内耗上了。但一旦进入心流状态，心理能量就会围绕一个共同的任务高效地输出。如果一个人经常经历心流，心理就会被训练得越来越有秩序，再次进入心流就会变得越来越容易。

二、心流体验八要素

1. 面临挑战

什么是挑战？什么是挑战性问题？这实际上是一个很难回答的问题。江苏省教育学会家庭教育专业委员会特聘专家许林针对这两个问题进行了回答。许林认为：挑战性是指问题在书本上找不到现成的答案，解题套路也非常规或熟悉，用已知的知识简单推演得不出答案。挑战性问题则是具备思维性、冲突性、打破科学界限、解决办法具有开放性和灵活性的特点的一些问题。思维性具有概括性和间接性两个重要特点。概括性是指问题的答案需要用自己的语言来组织和表达，间接性是指得到问题的回答得拐个弯。冲突性是指问题既熟悉也不偏不怪，但学生用简单学习、习惯思维和常规推理难以解决，需要挑战学生的原有认知，引发学生的认知冲突以及产生强烈的探究愿望，从而让学生进入深度学习的状态。挑战性问题打破了科学的界限，突破了学生的知识体系、概念体系和认知结构，能让学生体验到跨学科学习、统合思考、重建认知结构的价值和意义，仅靠单一学科知识容量的增加并不能解决问题。挑战性问题的解决办法往往更具开放性和灵活性，那些经过大量解题技巧和题型训练以及题海战术的人不占任何优势，反而成为一种思维的束缚和负担。

关于挑战，除了挑战性问题之外，还有挑战性活动、挑战性工作、挑战性人际关系、挑战性环境、将无趣的事情转变为有趣的事情也是挑战等。挑战无处不在，乐趣无处不在，心流无处不在。

2. 知行合一

“知行合一”是由明朝思想家、教育家王阳明提出来的哲学理论。知是指内心的觉知、对事物的认识，行是指人的实际行为。知行合一是指在实践过程中，要将学到的知识和理论付诸实践，在实践中不断反思和调整，不断提升自我。知识只有在实践中得到应用，才能真正发挥价值。中国古代哲学家认为，人的外在行为受内在意识支配，由衷向善的人，才有外在自发的善行，知行合一，致良知，是阳明文化的核心。

当某种情境需要一个人应用多项技巧来应对挑战时，这个人将会集中全部的注意力投入战斗，不浪费一点精神能量处理与挑战无关的信息，这种注意力是无意识的、几乎完全自动自发，知觉甚至被泯灭，人与行动完全合一。就拿攀岩来说吧。顾名思义，攀岩就是指人们凭借自己的力量，向着峭壁和岩石挑战，攀登到高处，体验身心的极致挑战与探险魅力。攀岩者身临其境地感受到峭壁、岩石之间的生命力、大自然的力量和震撼。攀岩者在攀爬过程中感受到自然的呼吸，沉浸在如诗如画的山水中，感觉自己跟所做的事情仿佛融为一体，这种感觉就是心流体验。

现代社会的各个领域都倡导“知行合一”的哲学思想，但是在现实生活中，要将“知行合一”落地却是一件很难的事情，这需要人的 3 种素质达到一定的境界，即一个人的思想、意愿和行为的境界需要达到一定的层次。

一个人有什么样的思维模式就会有什么样的想法或思想，有什么样的想法或思想就会有什么样的信念，有什么样的信念就会有什么样的行为，有什么样的行为就会有什么样的结果，这就是一个人的思想境界。信念是一个生命的源头、是范畴，行为及结果是内容，范畴决定内容，看不见的决定看得见的（比如空气是看不见的，却决定着我们的生命）。这意味着一个人要想取得更大的成果，就必须提升思想的境界，那就是思维的创新。

意愿是指我们的心理对某件事情的渴望程度。心理决定思维，思维决定行为，行为决定结果。足球爱好者都渴望中国足球能踢到世界杯，要想实现这一目标，需要的是一种态度，中国足球总教练米卢曾说过“态度决定一切”。几乎所有行为的执行力都取决于态度，而不仅仅依靠嘴上功夫。但实际生活中，很多人却都活在了嘴上，“我想怎样，我将来要怎样”，却从来没有因为嘴上的目标和理想表达意愿并付诸行动，对目标和理想的渴望只是停留在空想上。另外，有些人或许为自己的想法付诸了一些行动，但是，当做的时候，心里却泛起了嘀咕，充满了各种疑惑、恐惧、不安全、害怕，这些负能量都是来自意愿度不高，或者说目标感不强，或者说根本没有目标。真正成功的人是相信自己能做到，然后自己才做到的。所以，当你有了一个好的想法，要相信相信的力量，只有相信自己才会生发出强烈的意愿，有了百分之百的意愿才会想尽一切办法找到方法和工具，才会全力以赴完成自己想要的目标。这就是意愿所在的层次决定了你是否能够成功。

行动的境界，可以用“高效”两个字进行概括，“高效”是指付出的行动一切与目标有关，和目标无关的都是干扰。马云说过“一流的方案、三流的执行等于三流的方案，三流的方案、一流的执行等于一流的方案”也是这个含义。王阳明先生说：“知行合一的最高境界是心如磐石而行如流水；心不如磐石不能坚定，行不如流水则不能曲达。”更是为行动的最高境界提供了哲学意义上的诠释。

3. 目标明确

目标明确一般指在规划和执行过程中，确定清晰且具体的目标，以便更好地实现所需的结果。目标明确的意义在于：①能够给予我们明确的方向；②能够帮助我们更好地规划和安排时间和资源；③目标明确能够帮助我们更有动力和信心去实现目标；④能够帮助我们更好地评估和反馈自己的工作。

心流体验之所以能够达到全身心地投入，是因为目标明确且达到一定的高度，具有目标达成的成就感和喜悦感。举几个简单的例子，比如，网球选手每发出去一个球，下一步该大致移动到哪个位置，下棋也一样，走一步大概知道离终点还有多远，攀岩更是如此，要爬到山顶。不过，要达到心流体验，定的目标不能太低，微不足道的目标没有使人热血沸腾的魅力。

明确目标是实现成功的关键步骤之一，一些有效的方法和步骤可以帮助明确目标：①定义具体目标，这意味着确定实际的、可量化的目标，而不是模糊的抽象概念；②设定可行的目标，确保你的目标是可实现的，这意味着你需要考虑你的资源、时间和能力，并确定你可以完成它们的时间表和步骤；③将目标写下来，尝试使用清晰、简洁、直观的语言来描述你的目标，这可以帮助你更好地理解和记住它们；④制订计划，包括确定步骤和时间表，以及确定你需要的资源和支持，这可确保你在实现目标时能保持方向和动力；④坚定决心，明确目标需要坚定决心和动力。

4. 即时反馈

学会“即时反馈”，学习和工作的每一天、每一步都能收获快乐，体验到心流的感觉。举个例子，一个包工头需要请 5 个工人干一个月，给工人结算工钱的方式有 3 种：①干完活后统一结算工钱；②干完活半年后再给钱；③干完活当天就给钱。不需多想，第 3 种支付方案工人的感觉最美好。第 3 种结算方式就是即时反馈，前两种结算方式的反馈称为延迟反馈。一般而言，绝大多数人偏好即时反馈。

即时反馈可让人拥有控制感和确定性，甚至上瘾。就拿嗑瓜子来讲，有人喜欢嗑瓜子，连续不断地嗑，嗑得口干舌燥了也不放弃，但是读书就没有这样的表现。原因在于嗑瓜子的过程很短暂，3 秒嗑一粒瓜子，瓜子的味道能够使人们获得即时反馈，立即满足。而读一本书的情况就不大一样了，你不知道书上的内容何时给你带来收益，抑或根本就没有收益，如果读书过程不能给你带来快感，恐怕你很难坚持下去。游戏更是把即时反馈的作用发挥到了极致，比如《王者荣耀》的游戏设置为赢一场给一颗星，集齐四颗星可以升一级，输一局也要减一星，有些玩家为了升级，会连续打好几个小时。这种即时反馈能极大激活我们的多巴胺系统，多巴胺是根据预期和行为结果的比较而诱发的，预期和结果的迅速配对会引起更多多巴胺的分泌，进而让我们体验欣快感。

但是有些目标或活动不能够在比较短的时间完成并能获得及时的回馈，比如一个人驾着一叶小舟，独自航行在苍茫的大海上，几周甚至数月看不到陆地。甚至在有些情况下，目标既不明确也不清晰，比如，一个作曲家想谱写一首曲子，但是目标很模糊；又比如一位画家，心里想着的是一幅画，落到纸上的可能是另一幅图画，基本上所有创造性或开放性活动都是如此。那么，这些情况又如何体验心流呢？研究表明，航海家、艺术家以及“百年大计”的教育工作者可通过其他机制或自己创设的某种机制主动寻求即时反馈。主要的方法或机制包括以下几个方面。

一是将内部反馈和外部反馈进行有机整合，嗑瓜子和游戏等活动主要是由外在动机驱动，而航海家、艺术家以及教育工作者的活动主要是由内在动机驱动。一位航海者描述他一连好多天只与空荡荡的海面为伴，但是当地平线浮起隐隐约约的目标时，他立即就能辨识出心中向往已久的小岛，并描绘出发现陆地时的兴奋之情：“我觉得既满足，又惊奇……在摇晃的甲板上观测天边的太阳，再借助简单的地图……竟能横渡大洋，发现一座小岛……它不但是为我而创造，而且是为我亲手创造。”艺术家也是一样，艺术家能够从绘画中找到乐趣，一定有一套内在的标准及时进行回馈，画笔一挥，“对还是不对”或“是自己想要的还是不是自己想要的”一目了然，缺少了这套标准，画家是不可能体验到成功的。教师的工作也不能仅依赖于外在反馈，还需要自主设定一些内在反馈，比如“觉得自己干的都是良心活”“干的活对得起这份工资、对得起自己”等，也可以写写日记，写下自己每天的表现，记录自己的得与失等。

二是主动设置反馈点。以教师工作为例，一节课上得好与不好，学生的眼神和自我的感受就能说明问题。易中天在央视节目《开讲啦》中曾说过：“一个教师，当他站在讲台的时候，只有他自己讲得爽的时候，他的学生才会爽。”所以，追寻我们的本心，我们每一个时刻的感受就是我们及时反馈的来源。教书育人好比登山，山就在那里，我们每往上攀登一步，都是给我们的即时反馈。

三是细化目标，增加即时反馈。同样以教师的工作为例，教师工作的成效很大一部分靠学生的成长来反馈，成长是一个长期的过程，这增加了教师获得即时反馈的难度。教师可以将学生成长这个大目标细化成若干小目标，细化为各个阶段性目标，在实现这些小目标的过程中获得及时反馈。

总之，即时反馈是增进心流体验的重要抓手，尤其是缺乏明确的目标或缺乏即时反馈的情况下，因此需要通过增进内部反馈、主动设置反馈点和细化目标的办法，增加自己获得即时反馈的概率，将自己送入沉浸其中、全神投入的心流状态。

5. 全神贯注

心流体验的一个显著特征是：处于心流状态中的人会将所有不快乐的事情忘得一干二净，其主要原因是要想从生活中汲取乐趣，必须全心全意专注于手头的工作，所产生的重要副产品——心流状态完全没有地方容纳其他不相干的资讯。一位登山爱好者描述自己在登山过程中的体验为“好像我的记忆输入完全关闭，我只记得30秒钟以前的事情，往后也只想未来的5分钟”；一位年轻的篮球运动员描述自己在比赛中的体验为“与比赛相比，跟女朋友的口角而导致的烦恼，以及前一天头痛一整天的事情都不重要了”；一位踏进舞池的舞者描述自己的感受为“这是一种在别处找不到的感觉，任何场所都不会让我如此信心十足，如果是为了忘却烦恼，跳舞的疗效绝佳”；耗时较长的航海者描述他摆脱寂寞的方法为“船上的任何不适、现实生活中的所有忧郁，都会随着地平线逐渐远去而抛在脑后……人生暂时不需要伪装，跟风浪、洋流相比，所有问题都显得无关紧要”。

全神贯注是一种专注的状态，通常指将全部注意力、精力和资源集中在某一特定目标或任务上，这种状态能够让人更加高效地工作、学习和思考。但是，全神贯注是一种很难达到的状态。

注意力不仅是心理学研究的领域，也是神经科学研究的重要领域。科学仪器可以检测出人在大脑工作时存在的4种波，以评价一个人专注的程度：① β 波，频率为14～30Hz，表示人处于警觉状态，数值越高越警觉，左脑的 β 波，表示人的注意力处于高度集中或紧张状态，右脑的 β 波，偏向于表示惊恐状态；② α 波，频率为8～13Hz，表示人处于平静深思状态，是一个人学习和思维效率最适宜的波态；③ θ 波，频率为4～7Hz，表示人在浅睡冥思状态；④ δ 波，频率为0.5～3.5Hz，表示人处于无梦沉睡状态。因此，要评价人的注意力集中的状态，其标准之一就是看大脑 α 波水平，在此状态下，大脑潜意识才能被打开，人脑会大量吸收外界的信息，并且这些信息都被送到大脑的长期记忆系统里，此时记忆力、创造力、理解力等都会有显著的提高，提示我们进入一个注意力集中而轻松的状态。

近年来脑科学的研究还发现了大脑分泌脑啡素的秘密。人的大脑，在自身和外界的刺激作用下，能源源不断地分泌脑啡素。这种脑啡素一方面提高了人体的免疫功能，另一方面它能传递信息激活大脑的记忆系统，使学习效率提高。所以，注意力集中的问题实际上就是如何才能产生阿尔法波的问题以及如何持续不断产生脑啡素的问题。

6. 掌控自如

掌控自如指的是某人控制身体或某件事的能力达到一种得心应手的程度，这种能力要求一个人要具备专业的知识，能够从多个角度对一件事情进行把握，并且要有一定的经验，能够在事情发生时感知到它的根本动机，从而对它进行控制。

一位舞者描述她在表演中感受到的心流状态："一种非常强烈的轻松感淹没了我，我一点也不担心失败，我浑身感觉到有股无与伦比的力量，能创造美与优雅，我好想伸出手拥抱这个世界。"高度专注于比赛的棋手也有这种体验："我有一种幸福感，觉得能完全控制我的世界。"实际上，无论是舞者还是棋手，他们描述的"控制"是一种"不确定性事件"，是一种"可能性"。因为意外无处不在，舞者也有可能摔跤、崴了脚，没有办法做出完美的旋转动作；棋手也可能落败，但处在心流的状态中，他们完全不会考虑这些。

不过，任何一项活动没有挑战性、不需要冒险的话也基本上不能让人达到心流的状态。因此，从某种意义上讲，危险是心流的契机。不过，能够产生心流的活动，尽管有危险，但也是暗示行为者需要在技巧上不断训练以达到一定的高度，通过在技巧上和熟练度上进行加强，将事故或犯错误的风险降到接近于零。以攀登珠穆朗玛峰为例，面临的危险可能来自两个方面，一个是主观因素，另一个是客观因素。客观因素主要是登山途中无法预测的各种实质性危机，如暴风雪、雪崩、气温骤降等，登山者可以做一些防范，但不能保证百分之百的完美。主观因素主要来自登山者的技能以及身体的突发状况等。做好了充分准备的登山者可能感觉攀登珠穆朗玛峰的安全系数比乘飞机还安全，这个例子说明，真正带给登山者乐趣的并不是控制本身，而是在艰难状态下行使控制权的感觉。

掌控自如一般是指从行动上达到了炉火纯青，由此，我想到了一个从思维层面上达到了炉火纯青的名词，即心理学上的"自动化思维（automatic thoughts）"。自动化思维是指无意识的、不带意图的、自然而然的并且不需要努力的思维。当对一个任务或信息有大量经验时，往往采用的是毫不费力的、无意识的、自动化过程来完成该任务或加工信息。自动化思维是一种认知上的捷径，可以帮助我们节省很多时间和精力，这种思维在我们日常生活中频频用到。比如，有些人在第一次见面的时候，仅需 0.1 秒的时间就能判断对方的性格特点以及是否值得信任，也有些人仅听电话里的声音就能得出相对准确的结果。有研究表明，这种无意识的“瞬间定格”式的观察判断比瞎猜要准确得多，这对于讲究高效率的社交场合和商业交流来说很重要。这种自动化思维意识用在个人安全领域的重要性就更不用说了，比如用于防诈骗领域，现在骗子的诈骗手段多种多样，防不胜防，善于利用自动化思维的人能尽可能减少被骗的概率。同样，自动化思维模式也可以用于情绪管理层面。在日常生活中，不善于管理自己情绪的人容易做出冲动且无法挽回损失的事情。比如，有些人善于用拳头说话，本想给别人一记拳头让别人记住一个教训，却结束了别人的生命。如果我们在日常生活中多训练自己的头脑，在行动之前有效地处理自己的情绪，结局可能大为不同。

因此，从某种意义上讲，掌控自如也好，自动化思维也好，实际上都是无意识层面的快速反应的能力，这种反应能力需要通过不断的学习和训练得以实现，这已经得到科学家们的研究证实。

7. 浑然忘我

当一个人全身心投入某种活动中时，就没有多余的能量再去考虑与当前的工作毫不相干的事情，这也是心流的状态。当人处于心流状态下，全身的能量被调动，不光提高了效率，还能体验到一种极大的愉悦感。当你在做某一件事情或从事某项喜欢的运动，感觉到状态来了，这就是专注到了一定的极致之后的一种美妙的状态，其实就类似心流状态。因此，心流并没有你想象的那样神秘，只是很多人没听说过这个名词而已。武侠剧里，习武之人达到的最高境界就是“人剑合一”。当习武者专注于舞剑时，一招一式，剑的走向，全在掌控之中，他就是剑，剑就是他，人剑合一，浑然忘我，就是心流体验。

“浑然忘我”的状态，也可理解为无意识下的一种状态。无意识下的行为或决定指的是充分发挥潜意识的功能。在现实生活中，明明基于直觉判断就能解决的问题，我们却为之耗尽心思、殚精竭虑，花费大量的精力分析成本效益、咨询专家意见、制订周密的计划和方案。这种情况，通常是没有充分利用幽灵一样存在的无意识和潜意识。当我们在处理问题并需要对事情做出判断的时候，如果仅仅通过大脑在意识状态下运转，大脑需要全负荷运转，将进入大脑的信息进行条理化梳理，通过各种复杂的比较，直到找出最佳方案。同样的事情，如果通过无意识判断，则不受各种规则的限制，不需要对大量信息进行分析、整合，所有的决策过程都会在意识之外完成，即无意识状态也可完成复杂的决策。

荷兰心理学家艾普·迪克特赫斯长期研究人类无意识决策与判断能力，曾经做了一个有趣的实验：让两组对象猜足球比赛的胜负，一组是球迷队，一组是不关注但了解规则的“菜鸟”。研究者事先让两组对象快速了解一些职业球队在进球、助攻、传球、拦截等方面的数据信息，然后观察他们如何利用数据进行预测。研究发现，如果有充分的时间让这两组对象进行思考，球迷队比菜鸟队预测更准，但是如果只给两组对象 2 分钟的思考时间，菜鸟队则占优势。分析原因，菜鸟队往往是凭直觉抓住了一些被无意识划为重点的特殊因素，而球迷队仍然利用的是固有思维模式，很难快速消化新的信息，注意不到真正具有决定性的细节。

稍微再延伸一下，“浑然忘我”的状态，还可理解为一种“无所顾忌的行事”状态。日常生活中所说的“无所顾忌的行事”，常常指冲动、鲁莽、不计后果的行事。不过，这里所指的行为是指缺乏事先准备、不考虑环境的影响、将注意力全部集中在问题和事件本身、结果充满了不确定性、过程让人感到久违的活力与自我的释放的一种轻松与愉悦等混合式感觉的行为。

笔者经常有这种混合式体验，这在参加研究生开题、中期检查和毕业论文答辩时表现得尤其突出。我们的硕士研究生大多准备不充分，问题很多，统计学专业背景的笔者一眼就能看出并毫不客气地指出学生们的问题，丝毫没有考虑学生和导师们的感受，结果是笔者释放了，研究生和导师却郁闷了。这种“无所顾忌的行事”方式与古代某些思想家的观念一致。战国时期著名思想家、哲学家、文学家，道家学派代表人物庄子，他的很多哲学思想被后人解读、传播和应用。在庄子看来，人生最高的境界就是“道”的境界，他关注的是如何扩大人的内在生命的问题，他认为人往往被生存的环境所蒙蔽，囿于目光所见、耳朵所听，从而形成了锁闭的心灵。他崇尚自由，认为真正的自由是“无待”的，它不依赖于任何条件，只有以通达的精神超越现实世界，才能获得无限的自由和心灵的宁静。庄子提出的“不滞于物”的观点，也意指人在处世和行事的时候，不要被任何思想、任何事物所左右、所奴役、所累及，从而达到圣人“不滞于物”的旷达、泰然境界。

“无所顾忌的行事”有几个方面的优势：①不确定性能带给人快乐感和成就感，体现久违的活力、彰显自我；②有助于在与人交往中抛弃各种条条框框、规矩的束缚，自由畅快地表达思想，展示自己的特点与风格；③提升处理敏感问题的魄力，直面问题的要害，不转弯抹角，不避重就轻。能够做到“无所顾忌地行事”的人，一定也达到了心流的最佳体验状态。

8. 时间异常感

一个人描述他达到了最优体验状态时，经常说的一句话就是“时间感跟平时不一样”。相信我们每个人或多或少有这样的体验或经历：当在做一件有趣或者刺激的事情时，时间似乎飞快地流逝，而当在做一件无聊或者痛苦的事情时，时间过得却异常缓慢。

为什么我们对时间的感觉会随着情境和心境而变化？神经科学家研究表明：我们的大脑并不是一个精确的时钟，而是一个复杂的信息处理系统，它会根据不同的线索和因素来估计和判断时间，即时间感。时间感是我们对时间流逝的主观感受，分为短时时间感和长时时间感两种情况。短时时间感是指我们对几秒到几分钟内发生的事件的持续时间的感知，比如芭蕾舞者对一个困难的转身动作的感知。长时间感是指我们对几小时到几年内发生的事件的顺序和间隔的感知。至于大脑是如何形成这两种不同的时间感，目前科学家们还没有完全解开这个谜团，但是也有一些探索，并产生了一些可能的机制或假说来解释这种现象。

短时间感的形成机制有两种主要的假说，即内部时钟假说和记忆假说。内部时钟假说认为，大脑有一个类似于时钟的机制，它会产生一系列的神经脉冲，这些脉冲会被计数和比较，从而形成对时间的估计。这个内部时钟可以受到外界刺激和情绪的影响，导致脉冲的频率和强度发生变化，从而影响我们对时间的感觉。比如，当我们在做一件有趣或者刺激的事情时，我们的大脑会分泌多巴胺等神经递质，这会使得内部时钟加速，让我们感觉时间过得很快。而当我们在做一件无聊或者痛苦的事情时，我们的大脑会分泌皮质醇等激素，这会减慢我们的内部时钟，使得我们感觉时间过得很慢。记忆假说认为，大脑没有一个专门的时钟机制，而是通过记忆来估计时间。我们对事件的持续时间的感知是基于我们对事件中信息量和复杂度的评估。当事件中包含更多或者更复杂的信息时，我们需要更多的记忆资源来处理和存储这些信息，从而感觉时间过得更慢。比如，当我们在学习一项新的技术或本领时，大脑需要整合多方面的信息，这会占用大部分的记忆空间，使得我们感觉时间过得更慢。相反，当我们在做熟悉的事情时，我们需要很少的信息，这仅占用我们很少的记忆空间，使得我们感觉时间过得更快。

长时间感的形成机制也有两种主要的假说，即生物节律假说和社会心理假说。生物节律假说认为，大脑有一个类似于日历的机制，它会根据我们的生物节律来记录和比较时间。生物节律是指我们的身体和心理活动在一定周期内重复出现的规律，比如昼夜节律、月经周期、季节周期等。社会心理假说认为，大脑没有一个专门的日历机制，而是通过社会和心理因素来估计时间。当某事件涉及其他更多或者更有意义的事情时，我们会给予更多的注意力和情感投入，从而感觉时间过得很慢。相反，我们会感觉时间过得很快。

总之，我们的大脑是一个神奇而复杂的信息处理系统，它会根据不同的线索和因素来感知和理解时间，相应地，我们对时间的感觉也会随着情境和心境而发生变化。

（沈旭慧　张亿麒）

第五节 情绪风格六要素

情绪风格六要素是由美国著名神经科学家理查德·戴维森和沙伦·贝格利在其共同编著的《大脑的情绪生活》中提出来的一个概念及其基本组成要素。从概念上讲，情绪风格指的是人们对生活经验做出情绪的反应在类型、强度和持续时间上的差异。不同个体之间的差异，导致了不同的情绪风格。情绪风格可理解为构成具体情绪状态和情绪特质的“原子”“积木”或“基本单元”。构成情绪风格的六要素主要包括情绪调整能力、生活态度、社交直觉、自我觉察能力、情境敏感性和专注力。情绪风格的 6 个维度是基于脑科学的基本理论提出的。情绪风格概念的提出丰富了我们认识自己、认识情绪、主宰自己情绪的新视角。

本节重点探讨构成情绪风格六要素的基本内涵、情绪风格对我们生活的影响以及如何识别自己的情绪风格，后面的章节将进一步探讨情绪风格的神经机制。

一、情绪风格的六要素

构成情绪风格的 6 个要素（维度）分别是：①情绪调整能力，是指当一个人面对挫折和困境的时候，是崩溃绝望还是会百折不挠地坚持到底，是斗志昂扬还是放弃，以及从逆境中走出来的速度是快还是慢。情绪调整能力强的人在面对挫折的时候，能迅速地使自己的情绪恢复，而情绪调整差的人则需要缓慢恢复。②生活态度，是指面对生活是积极还是消极，是乐观还是悲观，以及相关情绪的持续时间。生活态度积极的人相信未来，对未来充满信心，而生活态度消极的人认为未来无望。③社交直觉，是指一个人是否能清楚读懂别人所表现出来的心理状态或情绪状态，以及是否善于从身边的人那里获取社交信号。社交直觉敏锐的人在和别人谈话的时候，能留意到对方表情的细微变化。相反，一个社交直觉迟钝的人，在与别人交流时说了一些让对方不高兴的话，自己却还不知道。④自我觉察能力，是指一个人是否能清楚地了解内在的自我，对自己身体的感受是否敏感，是否易于觉察到自己的情绪。比如，你在因为孩子不写作业而在看电视时大吼大叫、冲孩子发脾气的时候是否意识到，自己之所以这么暴躁，不是因为孩子不写作业的后果有多严重，而是因为自己在单位受到了领导的批评而恼火，那就说明你的自我觉察很敏锐而不是自我觉察力迟钝。⑤情境敏感性，指的是一个人是否能区分不同社交场合的交往习惯和规矩，或者是否善于根据所处的情境调整自己的情绪反应。⑥专注力，是指一个人能否排除环境或情绪等因素的干扰，保持注意力的集中。专注力强的人即使在嘈杂的环境下，仍然可以集中精力办公，而专注力弱的人哪怕只是听到一点电视的声音，也很容易分神。

情绪风格的这六个维度，可以有无数种组合，这使得情绪风格千变万化，就像我们每个人都有不同的指纹一样，组成了我们每个人独一无二的个性。

二、情绪风格对生活的影响

情绪与健康密不可分。大量实验证明，积极的情绪会对健康产生很好的影响，反之则对健康产生不利的影响。以哮喘为例，哮喘是由多种细胞及组织参与的慢性气道炎症，可导致让人难受的症状（比如喘息、气促、胸闷、咳嗽等）的反复发作。研究发现，压力会增加身体对过敏原的生理反应，导致患者情绪调整能力的降低，更容易被挫折击倒，也需要很长时间才能回到之前的情绪状态。积极情绪能够直接作用于生理功能，抑制心血管系统和神经内分泌系统，降低心率和血压，提高催产素的水平，舒缓压力，增加体内的供氧量。积极情绪还可以激活大脑中交感神经元，增加对感染的抵抗性。

需要注意的是，并不存在某种理想的情绪风格，只要情绪风格的 6 个维度没有过于极端而影响日常生活，都可以说对我们的健康是有益的。

三、情绪风格是否可改变

研究表明，情绪风格是由遗传基因和童年经历共同决定的，这可能给人的感觉是情绪风格是无法改变的，但是，我们同时需要知道情绪风格是大脑活动模式的反映（情绪风格的神经调节将在后面的章节介绍），这就意味着它并不是固定的、静止的，也不意味着是无法改变的。随着神经科学和脑科学的发展，大量的研究发现大脑具有“神经可塑性”的性质，即大脑的结构与活动模式无论是在童年还是在成年以后的整个人生历程中都可以发生显著的变化。因此，我们的情绪风格在一定程度上也具有可塑性。

另外，也可以通过经验和生活环境的改变调整情绪风格。科学研究发现，虽然基因已经定制了一个人性格特质的遗传密码，但是由双螺旋结构构成的 DNA 分子，就像装了一个开关一样，可以开启，也可以关闭。也就是说，我们的某种性格特质可能表现出来，也可能不会呈现出来，这取决于生活经验和环境因素的影响。

四、情绪风格的评估

《大脑的情绪生活》一书中介绍了情绪风格的自我评估方法，书中每一个维度都是通过对 10 个描述性问题的回答（“是”或“否”）进行判定，根据相关问题是正向问题还是反向问题赋予相应的“0”或者“1”的分值。下面的评估问卷是在对原书相关问题主旨意思的提炼和加工的基础上构建的相对比较容易理解的描述方式，没有改变原始问卷的内容和问题数量，具体见表 1-4 ～表 1-9。

表 1-4　情绪调整能力自测

1. 如果你跟你的朋友或者配偶因为琐事小吵了一架，这会让你在之后的几小时甚至更久的时间都高兴不起来。
2. 堵车排起了长队，有人从路肩超车到了队列的最前面，你会感到一时的不爽，但是过会儿就忘了，不会一直因为此事感到恼火。
3. 如果你经历了极其难过的事情，比如身边极为重要的人去世了，这会让你在几个月的时间里都无法正常工作或生活。
4. 如果你在单位因为工作出错而受到领导的批评，你会将它当成一次学习的机会，而不会太在意。
5. 如果你去一家没有去过的餐馆吃饭，发现菜品和服务都比较糟糕，这会毁掉你整晚的好心情。
6. 如果在路上遇到交通事故被堵，当道路疏通的时刻，你会发泄式地猛踩油门、带着一肚子火离开。
7. 如果家里的热水器坏了，你的情绪不会受到太大影响，因为你知道，一个电话就可以解决问题。
8. 如果碰到了一个心仪的男生（女生），当你约她或他出来聚聚的时候遭到拒绝，这会让你几小时甚至几天都很难过。
9. 如果按能力你理应是一个重要奖项或者升迁机会的热门人选，结果却输给了一个你认为不如自己的人，这通常不会让你纠结太久。

续表

10. 如果在一个派对上你跟一个有意思的陌生人聊了起来，当对方问起你的情况时，你却张口结舌，不知道该如何回答，你会在之后的几小时甚至几天内都会回想这次谈话，琢磨着当时到底应该说些什么。
自评： 问题 1、3、5、6、8、10，回答“是”得 1 分，回答“否”得 0 分；问题 2、4、7、9，回答“是”得 0 分，回答“否”得 1 分。得分越高（7 分以上），你就是一个缓慢恢复的人；如果得分较低（3 分以下），则属于迅速恢复的人，有较强的情绪调整能力。

表 1-5　生活态度自评

1. 当你受邀与不认识的人见面时，你会很期待，心想又会多几个新朋友了，而不会将应酬当作一件麻烦事，认为这帮人根本不值得一见。
2. 当你评价某位同事的时候，你会关注他那些还有待提高的细节，而不是他值得肯定的总体工作表现。
3. 你相信未来 10 年会比过去 10 年过得更好。
4. 对你而言，去另一个陌生的城市生活令人畏惧，因为那是迈向未知的一步。
5. 如果早上你意外碰到了一些令人愉快的小事情，这种积极情绪几分钟之后就会消失。
6. 参加派对的时候，如果你一开始玩得挺开心，这样的积极感受可能会持续一整晚。
7. 你发现一些美丽的景色，心情愉快，但持续时间很短。
8. 早上醒来的时候，你会想起当天计划要做的一件开心的事情，而且只要一想到它，一整天就会心情愉快。
9. 不管是参观博物馆还是出席音乐会，最开始的几分钟的确是种享受，但时间久了就感觉没有意思了。
10. 忙起来的时候你可以马不停蹄地从一个地方赶到另一个地方，根本不会觉得累。
自评： 问题 1、3、6、8、10，回答“是”得 1 分，回答“否”得 0 分；问题 2、4、5、7、9，回答“是”得 0 分，回答“否”得 1 分。得分越高（7 分以上），你就是一个比较积极的人；如果得分较低（3 分以下），则属于比较消极的人。

表 1-6　社交直觉维度自评

1. 跟别人谈话的时候，你常常能捕捉对方的社交信号，留意对方情绪的细微变化，而不用等到对方亲口承认。
2. 你经常会注意别人的面部表情和肢体语言。
3. 你觉得在电话里面跟面谈区别不大，因为就算谈话对象坐在你面前，你也不会认为比电话交流带来的信息更多。
4. 你总是很了解别人的感受，你经常会觉得你了解他们甚至胜过了他们本人。

续表

5. 当跟你交谈的人因为你说的话而生气或者不悦时，你经常会感觉摸不着头脑。
6. 去餐馆吃饭的时候，你更愿意跟一起吃饭的人并排坐，这样你看着对方的侧脸就够了，而不必看着他或她的全脸。
7. 你经常能够凭直觉对别人的不安和痛苦做出回应，而不用对方说出来。
8. 在公共场所打发时间的时候，你喜欢观察身边的人。
9. 如果一个跟你不熟的人在谈话的时候盯着你的眼睛看，你会觉得不太舒服。
10. 别人是不是有心事，你经常看一眼就知道。
自评： 问题 1、2、4、7、8、10，回答“是”得 1 分，回答“否”得 0 分；问题 3、5、6、9，回答“是”得 0 分，回答“否”得 1 分。得分越高（8 分以上），你的社交直觉敏锐；如果得分较低（3 分以下），则比较接近“社交直觉迟钝”的一端。

表 1–7　自我觉察能力自评

1. 当别人问你为什么要生气或难过时，你经常会回答（或者心里暗想）“我哪里有啊？”
2. 当你最亲近的人问你，为什么要那么无礼或者刻薄地对待某人时，你往往会矢口否认。
3. 你经常（一个月 2 次以上）发现自己心跳加快，脉搏猛跳，但却不知道为什么会这样。
4. 看到别人处于痛苦之中，你自己在情绪上或生理上也会感到痛苦。
5. 一般而言，你对自己的感受有清楚地了解，可以用语言表达出来。
6. 有时候，你会莫名其妙地感觉到生理上或心理上的痛苦。
7. 你喜欢放松下来，一个人静处，更多地关注自己的内心。
8. 你感觉身体就是你的家园，身体让你感到舒服或自在。
9. 你生活的重心放在外部世界上，甚少注意自己身体的变化。
10. 你能敏锐地感觉到自己在锻炼时身体出现的变化。
自评： 问题 4、5、7、8、10，回答“是”得 1 分，回答“否”得 0 分；问题 1、2、3、6、9，回答“是”得 0 分，回答“否”得 1 分。得分越高（8 分以上），你的自我觉察能力敏锐；如果得分较低（3 分以下），则比较接近“自我觉察能力迟钝”。

表 1–8　情境敏感度自评

1. 身边有人曾经跟你说过，你对别人的感受异常敏感。
2. 偶尔会有人指出你的行为举止在一些社交场合不够得体，这让你很意外。
3. 因为你与上司的关系过于亲密，使得有时候你会在工作中遇到挫折，或者因为你在朋友急得要死的时候一脸快活，导致你跟朋友之间的关系搞得很僵。
4. 你跟别人说话的时候，对方有时候会后退一步，来增加你们之间的距离。

续表

5. 你经常会反复斟酌自己要说的话，因为你感觉在当时的情境下，一些话说出来不一定合适。
6. 在公共场合，你会尤其注意控制自己说话不要太大声。
7. 经常有人提醒你，在公共场合不要随便提起别人的名字，因为那个人可能就在附近。
8. 你几乎总是很清楚一个地方你是否曾去过，即使是你多年以前开车去过的一条马路。
9. 如果某人的行为显得与环境格格不入，比如在办公室里举止太过随便，你能够注意到。
10. 身边有人曾经对你说过，在陌生人或者陌生环境面前，你的举止很得体。
自评： 问题 1、5、6、8、9、10，回答“是”得 1 分，回答“否”得 0 分；问题 2、3、4、7，回答“是”得 0 分，回答“否”得 1 分。得分越高（8 分以上），你具有“情境敏感性”；如果得分较低（3 分以下），则比较接近“情境迟钝”的一端。

表 1-9　专注力维度自评

1. 你在嘈杂的环境下仍然可以集中注意力。
2. 如果你所处的环境中存在着大量的感官刺激，并且你周边有很多人来来往往，你不会因为所看见的浮想联翩，忘记自己身在何处。
3. 如果你决定要将注意力集中在一项具体的工作上，你一般可以做到。
4. 如果你在家办公，电视或者他人的吵闹声很容易让你分神。
5. 如果你安静地坐几分钟，各种思想会如潮水般涌入你的脑海，你会发现自己展开了好几条思绪，你甚至不知道自己是如何想到它们的。
6. 如果你被意料之外的事情打断，你能够很快重新把注意力集中在之前所做的事情上。
7. 在相对安静的时间段，比如当你乘坐火车或汽车时，或者在排队买东西的时候，你会注意到身边的很多事物。
8. 如果一项重要的任务只能由你单独来完成，而且要求你百分之百地专注，你会找一个最安静的环境来处理它。
9. 你的注意力容易被环境中的刺激和事件所捕获，而且一旦发生，你很难重新集中注意力。
10. 在鸡尾酒派对或者办公室小隔间那样人来人往的环境中，与别人交谈对你来说并无困难，你能够对环境中其他人的活动不予理会，即便只需稍加留意你就能听清楚他们在说什么。
自评： 问题 1、2、3、6、7、10，回答“是”得 1 分，回答“否”得 0 分；问题 4、5、8、9，回答“是”得 0 分，回答“否”得 1 分。得分越高（8 分以上），你在专注力维度上处于“注意力集中”；如果得分较低（3 分以下），则比较接近“注意力分散”的一端。

（俞宏斌　顾徐励昕）

第二章

情绪障碍与健康

第一节　情绪障碍与炎症

目前以焦虑和抑郁为代表的情绪障碍性疾病的病因学假说主要有单胺能假说、应激假说、神经发生 / 神经可塑性假说、谷氨酸能假说和免疫 / 炎症假说等。其中，免疫 / 炎症假说受到越来越多的关注。越来越多的研究报道各种炎症刺激对大脑的认知和行为的影响。大量实验性研究证据一致表明，先天免疫激活和炎症细胞因子的释放，优先影响与奖励和威胁敏感性相关的基底神经节和皮质区域和回路，以及影响与恐惧和焦虑相关的结构，包括杏仁核、岛叶和前扣带皮等，从而导致行为改变。一些情绪障碍性疾病，比如焦虑障碍、创伤后应激障碍、双相情感障碍和抑郁症等，表现为循环中炎症细胞因子和急性期蛋白水平的增高。另外，一些与炎症相关的躯体性疾病（比如糖尿病、关节炎和自身免疫性疾病等）细胞因子表达水平增高的同时也出现一些情绪性疾病的共病情况。大量的研究证据支持炎症和情绪之间存在双向的关系。

本节以焦虑和抑郁为例，探讨与情绪障碍相关的炎症理论以及运动在对抗焦虑和抑郁中的作用。

一、焦虑与炎症

1. 焦虑的概念

焦虑是一种情绪症状综合征，包括精神性（紧张不安、恐惧）、运动性（坐立不安）和躯体性（不适、出汗）等症状。个体可表现出与情境不相符合的情绪体验，有些伴有睡眠障碍。与焦虑相关的障碍性疾病，都与在没有任何实际危险的情况下对特定刺激的夸大恐惧反应有关。

根据《美国精神障碍诊断与统计手册（the diagnostic and statistical manual of mental disorders，DSM）》（第 5 版）（简称 DSM-5），原发性焦虑障碍主要分为 3 种类型：①广泛性焦虑障碍（generalized anxiety disorder，GAD），指持续6个月以上，

大多数时间存在无明确焦虑对象或固定内容的恐慌、坐立不安、自主神经活动亢奋等，表现为过度担忧并伴有身体症状。②恐慌障碍（panic disorder，PD），表现为突如其来的惊恐不安，伴严重的自主神经功能紊乱症状，包括胸闷或心悸等心脏症状，呼吸困难以及其他严重的躯体不适感，可伴有濒死感、失控感。恐慌障碍（PD）不局限于任何特定的情境或环境，具有不可预测性，反复发作，且伴有对未来发作的恐惧。③恐惧症（phobias），比如广场恐惧症（panic disorder with agoraphobia，PDA）（由于预期暴露于难以逃脱或无法获得帮助的地方而引发的强烈恐惧或焦虑）、社交恐惧症（social phobia inventory，SPI）（由于害怕负面评价而避免社交场合）和特定的恐惧症（specific phobia，SP）（对特定类别的物体或情境的过度恐惧和回避），主要是指面临具体情境或物体时出现的焦虑、恐惧，伴有显著的自主神经功能紊乱，如心悸、呼吸困难、出汗、肢体发抖、晕倒感等。这些类型都以病理性恐惧和/或焦虑为特征，与消除习得性恐惧的能力受损和学习安全行为的能力受损有关。基于恐惧和焦虑的精神障碍同时也是最普遍的和最昂贵的精神健康障碍。

导致焦虑的原因很多，比如疾病因素、生活事件、创伤等心理社会因素，精神障碍既往史，人格偏离，精神活性物质或药物使用等。

2. 焦虑与炎症

在过去 10 年中，炎症系统在慢性精神和身体疾病的病理生理学中起着明确的作用，这是一个越来越被质疑的生物过程。免疫信号有助于调节下丘脑－垂体－肾上腺（ hypothalamic-pituitary-adrenal，HPA）轴和其他神经生物学过程，在面对应激源暴露时调节情感行为。暴露于创伤和压力事件（包括暴露于恐惧和焦虑刺激）会导致 HPA 轴反应、免疫系统的激活，以及促炎细胞因子的释放。随着时间的推移和持续暴露于应激源，HPA 轴和免疫功能都出现失调。虽然已经开展了大量的研究探讨内分泌功能障碍在焦虑障碍的病理生理中的作用，但目前对炎症在焦虑性疾病病因学和维持中的作用的理解仍然有限。

虽然每种焦虑症都有自己独特的诊断标准，但这些疾病都有过度恐惧和焦虑的潜在特征，因此也可能有共同的神经生物学特征。这些焦虑障碍通常出现在生命早期，并与长期的病程和严重的功能损害有关。研究证据表明，焦虑障碍可能与促炎标志物升高有关，与对照组相比，男性焦虑障碍患者的 C 反应蛋白（C reactive protein，CRP）水平升高。在患有广泛性焦虑症（GAD）的儿童中也发现，与对照组相比，CRP 水平升高者的比例较高。相反，在广场恐惧症患者（PDA）的样本中，与对照组相比，CRP 的平均水平没有发现差异，尽管广场恐惧症患者的 CRP 水平随着时间的推移而显著增加，但对照组没有这种趋势。关于外周细胞因子水平的研究结果也不明确。一些研究发现，GAD 和 PDA 患者中肿瘤坏死因子（tumor necrosis factor，TNF-α）循环浓度增加，但其他研究没有发现这种差异。类似的，一些研究显示 PD 患者白细胞介素（interleukin，IL）-1β 和 IL-6 的水平增加，但并不是所有的研究都得到了一致的结论。有趣的是，在 GAD 和 PD 患者中都发现了较低水平的促炎细胞因子干扰素 γ（interferon-gamma，IFN-γ）。研究也表明，在 GAD 患者中，循环中抗炎细胞因子（如 IL-2 和 IL-4）的浓度较低。然而，有研究发现 IL-4 和 IL-2 在 PD 患者中增加或与对照组相比无差异。

总的来说，现有的研究结果提供的一些初步证据表明 GAD 和 PD 可能与促炎状态有关，这些疾病中外周细胞因子和 CRP 的浓度升高就是证据。但并非所有涉及这一关系的研究都报告了炎症增加与这些焦虑症之间的正相关，可能的原因是研究对象的差异、是基于社区人群评估还是在临床情境下的评估、诊断是基于临床医生的评估还是自测、是否考虑了研究对象的社会人口学因素以及共病性精神和身体健康问题等因素等等。

3. 焦虑的炎症机制

焦虑症患者炎症增加，最简单的解释是应激反应的激活。长期暴露在应激性刺激下会引起广泛性焦虑症和恐惧症患者的恐惧和焦虑，从而激活中枢和外周免疫细胞细胞因子（如 IL-1β）的释放。让受试者在实验室进行压力测试（trier social stress test）证明可通过增加核因子（nuclear factor，NF）-κB 转录活性激活外周炎症反应，从而导致 IL-6 循环浓度的增加。在细胞水平上，在应激反应中，危险相关分子模式（danger-associated molecular patterns，DAMA）的释放，如热休克蛋白和三磷酸腺苷，诱导核苷酸结合寡聚化结构域样受体含 pyrin 结构域蛋白 3（nucleotide-binding oligomerization domain-like receptor family，pyrin domain-containing 3，NLRP3）炎症小体反应，导致 IL-1β 和其他细胞因子的释放。在没有病原菌的情况下，暴露于应激源可以通过上述过程直接导致炎症的增加。另外，HPA 轴和自主神经系统的激活也以互惠的方式调节应激诱导的炎症过程。

应激暴露时，HPA 轴的激活和随后糖皮质激素的分泌通常通过抑制 NF-κB 来阻止促炎活性。而在应激源暴露后，去甲肾上腺素产生的增加诱导 NF-κB 活性，激活免疫系统并增加炎性细胞因子的产生。先天免疫系统的交感神经激活通过神经纤维作用，神经纤维支配淋巴器官，淋巴器官能通过改变肾上腺素信号来协调先天免疫反应。有证据表明副交感神经系统的激活，也可以通过改变迷走神经 T 细胞释放乙酰胆碱来调节免疫系统的活性。例如，运动迷走神经刺激减弱可免疫刺激后 NF-κB 的激活。

总之，任何导致糖皮质激素作用减弱、交感神经活动增加和副交感神经活动减少的慢性疾病都可能伴随着炎症的增加。

二、抑郁与炎症

1. 抑郁的概念

抑郁是全球致残的主要原因之一。目前全球有超过 3 亿人患有这种疾病。尽管有多种治疗方式可用于重度抑郁症（major depressive disorder，MDD），但只有不到 40% 的患者在最初的治疗过程中获得缓解。对抑郁症状的神经生物学相关性的进一步了解将更好地促进新的治疗靶点和有效治疗方法的开发，从而减轻抑郁症患者的疾病负担并提高其生活质量。

抑郁症的临床表现在不同的患者中差异很大。根据 DSM-5，抑郁症被定义为一组体征和症状的聚集。根据 DSM-5 标准，MDD 的特征是连续两周至少出现以下症状中的 5 种症状：①抑郁心境或悲伤；②对于曾经喜欢的活动失去兴趣或愉悦感；③突然或近期体重增加或体重减轻或食欲改变；④失眠或嗜睡；⑤感到不安或烦躁或言语和运动迟缓；⑥疲乏或失去能量；⑦感到无价值或内疚；⑧难以集中注意力或者做决定；⑨经常想到死亡或自杀，计划自杀或企图自杀。其中，前两种症状必须出现，而且行为的改变引起巨大的痛苦和损害社交、职业，或其他方面的功能。儿童或青少年可能不是悲伤，而是容易激惹，这个症状并不是由毒品、物品、精神病性障碍或其他的任何躯体疾病所导致的，而且从没有发生过躁狂或轻躁狂。

一般来说，抑郁症状可以分为 3 个维度：①“心理症状”，这是一个广泛的概念，通常包括抑郁情绪或快感缺乏的核心症状，以及无价值感、内疚和自杀想法；②“认知症状”，比如思维能力或者注意力受损；③“自主神经症状”，比如睡眠问题，疲劳或精力下降，以及食欲的变化。这些不同的维度可能反映了不同的潜在病因，将特定的抑郁症状与不同的脑回路联系起来的证据支持了这种可能性。

2. 抑郁的病理机制

核磁共振成像技术对抑郁症的大脑进行了扫描，发现某些抑郁症患者的大脑扫描图片上有几处小的亮斑，这是脑白质的高强度信号。脑白质是脑内密集成束的神经元轴突的一部分，在大脑皮质灰质区域轴突的作用是连接神经元。大脑扫描图片上还观察到抑郁症患者大脑皮质容量的变化，即灰质（薄而有皱褶的大脑皮质）发生了生理性萎缩。大脑皮质由无数细胞组成，控制着我们的注意力、情绪、记忆、意识等所有复杂的功能。由此，核磁共振扫描证明了一个基本观点：慢性抑郁症可能导致大脑思考区域的结构性破坏。

另有研究表明，抑郁症患者的杏仁核和海马体内也出现了重大变化，这两个部位在大脑的应激反应中发挥着关键作用。华盛顿大学圣路易斯分校的研究比较了具有相同身体状况和教育背景的 10 名抑郁症患者和 10 名健康人，发现抑郁症患者的海马体相比对照组缩小了 15%，海马体缩小的程度与患抑郁症的时间长短直接相关。研究推测表明，可能是高水平的压力激素、皮质醇毁坏了海马体的神经元。

3. 抑郁与炎症

有力的证据表明，炎症在抑郁症的病理生理学中起着作用。炎症与抑郁的关系可以用 3 个“基石”来描述：①炎症和包括炎症过程的躯体疾病会增加抑郁症的风险。大量基于人群的研究一致认为，涉及炎症病理生理机制的躯体疾病与情绪障碍，特别是抑郁症的风险增加有关。一些自身免疫性疾病，如 1 型糖尿病、类风湿关节炎、传染性疾病（如肝炎和败血症），都与炎症反应有关，并被发现会增加抑郁的风险。丹麦一项大规模研究发现，由于自身免疫性疾病住院后，情绪障碍的风险增加了 45%，感染住院后风险增加了 62%。由于自身免疫性疾病和感染而住院的个体患情绪障碍的风险增加了 2.35 倍。②在抑郁症患者中，促炎标志物的水平有所上升。抑郁症患者的外周促炎标志物水平升高，几项 meta 分析的证据表明，在抑郁症患者中发现 CRP、IL-6、TNF-α 和白细胞介素 -1 受体拮抗剂等促炎标志物的水平升高。③促炎剂诱发的抑郁症状，可用抗抑郁药治疗。如干扰素 -α（interferon-alpha，IFN-α），在临床上用于治疗特定的躯体疾病，如丙型肝炎或恶性黑色素瘤虽然对身体疾病有效，但是 IFN-α 本身也是促炎剂，其在治疗躯体疾病的过程中经常导致精神方面的副作用。据报道，高达 80% 的 IFN-α 治疗患者患有轻度至中度抑郁症状。一项 meta 分析表明，在 IFN-α 治疗之前进行抗抑郁治疗，与较低的平均抑郁评分和较低的重性抑郁发病率有关。

因此，炎症过程可能在抑郁症某亚组的病因学方面起着机制性作用。临床试验表明，与安慰剂相比，抗炎药物的抗抑郁治疗效果更好，无论是作为单一治疗还是作为抗抑郁药物的辅助治疗。但是，非甾体抗炎药是否能与抗抑郁药联合使用，其安全性方面仍存在争议。此外，抑郁症患者经常患有共病性躯体疾病，因此需要纳入效益 / 风险评估中。比如，非甾体抗炎药可能增加心血管不良事件的风险，细胞因子抑制剂可能增加感染的风险。因此，在临床实践中，需要考虑药物的类型，治疗时间和剂量，并且要重视潜在的治疗效果与患者可能出现的不良事件之间的平衡。然而，抗感染治疗抑郁症效果的证据为抑郁症患者提供了更多个性化治疗方案的可能性。

三、情绪障碍的运动治疗

1. 运动让大脑走出焦虑陷阱

焦虑是一种自然的应激反应。当你在课堂上做梦突然被老师提问，当领导突然打电话跟你说有点事情找你，当从来不联系的亲戚给你打电话……此时的交感神经系统和下丘脑 - 垂体 - 肾上腺轴进入高速运转状态，紧张、烦躁、呼吸急促、心跳加快、浑身冒汗、胸痛、焦虑，这些都是完全正常的生理反应。

但是，如果没有什么应激性事件发生或经常为不存在的威胁而焦躁不安，焦虑应该是找上你了。焦虑压迫你的意识，使大脑失去了洞察力而无法正常思考。虽然焦虑以多张面孔出现，但是大脑功能障碍的表现具有相似性，即都表现为莫名的担忧，主要的区别是担忧的对象不同。患有 GAD 的人容易对正常环境产生焦虑反应，感觉威胁无处不在，大多数时候，他们表面上看起来很轻松，但经常会突发具有严重后果的恐惧感和生理性疼痛，这种疼痛经常会被误诊为心脏病发作，需要紧急就诊，浪费大量的公共资源。恐慌是焦虑最强烈的表现形式，是所有特定恐惧症的根源。特定恐惧症是指具有特定的应激源，表现为极其不合理的冲动恐惧，比如空旷场地引发的 PDA，以及对社交担忧的 SPI 等，这些都严重影响了患者的生活质量。

运动让大脑知道焦虑是一种认知错误。南密西西比大学的研究人员进行了一项试验，将 54 名患有 GAD 的大学生（试验者平时每周锻炼次数不到 1 次，焦虑评分普遍都偏高）随机分为两组，一组在跑步机上进行最大心率 60% ～ 90% 的高强度训练，另一组以每小时 1 600 米的速度在跑步机上行走，强度相当于最大心率的 50%，在两周内安排 6 次 20 分钟的运动训练。试验结果表明，两组的焦虑症都有显著减轻，第 1 组高强度运动的作用更快更有效，第 2 组减轻了对焦虑引发的生理症状的担忧，差别在第 2 次课就明显表现出来了。高强度运动起作用的基本原理是：运动背景下增加心率和呼吸时，我们知道身体的生理信号肯定不会引发焦虑发作，有氧运动能迅速起效并抵御焦虑状态。我们会逐渐喜欢身体被激发和动员起来的感觉，并且意识到这种激发对我们的身体是有益的。

该项研究的结论早已经得到了很多研究的证实，而弄清其生理机制仅是近几年的事情。从生理机制上考虑，运动不仅中断了肌肉的静息张力，还中断了大脑的焦虑循环。不仅如此，运动还产生了具有镇定作用的化学反应。一旦肌肉开始工作，身体的脂肪开始分解，游离脂肪酸释放到血液中，与色氨酸争夺转运蛋白上的结合位点，通过这种方式增加了血液中色氨酸的浓度，通过血脑屏障进入大脑的色氨酸多了，增加了大脑制造血清素的原料。除了增加血清素的原料外，伴随运动增加的还有脑源性神经营养因子（brain-derived neurotrophic factor，BDNF），起主要作用是镇定并提升让安全感增加的血清素水平。另外，运动还触发了 γ －氨基丁酸（GABA）释放，GABA 是大脑主要的抑制性神经递质，也是大多数抗焦虑药物的主要靶点。运动导致的心跳加快也导致心肌细胞产生一种叫心钠素（atrial natriuretic factor，APN）的分子，具有抑制身体过度兴奋的作用，是我们身体调节应激反应的又一法宝。

2. 运动是治疗抑郁症的首选方式

抑郁症已经成为全球迫在眉睫、急需解决的医学难题，然而抑郁症的治疗方法极其有限，且有限的治疗方法对抑郁症的治疗，其作用也极其有限。攻克抑郁症的一大阻碍是该疾病的症状极为广泛，我们每个人的一生中都曾经有过其中的绝大多数症状。抑郁症的各种截然相反的表现更增加了治疗难度，比如，有的患者暴饮暴食而有的人有厌食症；有的人失眠而有的人嗜睡；有的人离群索居，有的人则社交过度……

研究表明，运动几乎可以改善抑郁症的每个方面，运动与药物的治疗同效。英国医生将运动治疗作为抑郁症的首选。1999 年，杜克大学的一项研究证实，运动和抗抑郁药影响机体的化学物质是相同的，这项具有里程碑意义的研究有一个好听的名字“SMILE”，即“标准医疗干预与长期运动（standard medical intervention and long-term exercise）”的缩写。研究将 156 名患者随机分为 3 组，分别是舍曲林（商品名左洛复，Zoloft）组、运动组和联合治疗组，进行为期 16 周的试验。运动组在接受监督指导下每周 3 次行走或者慢跑 30 分钟（不包括 15 分钟的热身和运动后 5 分钟的缓和与调整），强度达到有氧运动能力的 70% ～ 80%。研究结果表明，2 组患者的抑郁症状得到了明显的缓解，每组约一半的人完全走出抑郁的森林并进入了缓解期。该研究得出的结论是“运动与药物同样有效”。

运动对抑郁症起作用的机制可以概括为以下几点：①运动导致了“内啡肽样快感”，类似内啡肽带来的心理上的欣快感，且具有内啡肽样减轻身体疼痛的作用。内啡肽被视为身体内的压力激素，在剧烈运动期间，具有镇定大脑、缓解肌肉疼痛的作用。研究人员也在长跑运动员的血液样本中检测到内啡肽水平的增加。②运动调节所有抗抑郁药物靶向的神经递质，可以瞬间提高大脑某个区域去甲肾上腺素的水平，并唤醒大脑，提高自尊感（抑郁症的一个重要组成要素）。③运动促进了多巴胺的分泌。多巴胺是一种提升情绪和幸福感的激素，并通过启动注意力系统，调节与动机和注意力有关的神经和心理活动。长期运动可增加多巴胺的存储量，触发大脑奖赏机制中枢内多巴胺受体相关的酶大量的产生，激活多巴胺基因产生更多的多巴胺。④有氧运动通过降低皮质醇水平、升高 BDNF 的水平，解决抑郁症患者出现的通信故障。BDNF 可以保护海马体等情绪控制中枢内的神经元免受皮质醇的干扰，是促进神经元相互连接和生长的肥料，对神经可塑性和神经的新生起着至关重要的作用。

总之，运动从多个角度解决抑郁症，运动通过一种自然的行动激发脑干，让我们富有精力、激情、兴趣和动机。运动通过调节多种神经递质帮助大脑恢复正常的信号传递。

（王霄一　陈功）

第二节 抑郁与肥胖

根据世界卫生组织的报道，自 1980 年以来，世界范围内的肥胖患病率发生了显著变化。在美国，超重和肥胖患病率占总人口的 2/3，其中超重和肥胖各占 1/3。同样，肥胖也已成为中国主要的公共卫生问题。根据最新发布的《中国居民营养与慢性病状况报告（2020 年）》，按照我国标准，18 岁以上的成年人中超重/肥胖已过半，超重率和肥胖率分别为 34.3% 和 16.4%。综合近 40 年来的全国性调查数据，可以看出，中国的肥胖人口正在迅速增长，且这种增长覆盖了所有年龄层人群。华中科技大学潘安教授在接受《柳叶刀》采访时提到，按照绝对的人口数来计算，全国的超重和肥胖人数已超过 6 亿人，这在全球居于首位。肥胖是心脏疾病、高血压、糖尿病和中风的主要危险因素。研究表明，肥胖与预期寿命缩短、认知功能障碍和生活质量下降高度相关。

抑郁症作为一种公认的重大慢性病，已成为世界性的重大健康问题。抑郁症在残疾调整寿命年（disability adjusted life years，DALY）中约占 4.5%，在全球伤残损失的寿命年（years lived with disability，YLD）中占 12.1%。抑郁症作为一种常见的心理疾病，发病率和患病率很高，给中国社会带来严重的经济负担和疾病负担。

抑郁症和肥胖症都是具有重大公共卫生影响的常见疾病，抑郁症和肥胖症的共存也已成为世界范围内一个重要的公共卫生问题。抑郁和肥胖之间的关系可能是双向的，即一种情况的存在会增加另一种情况的风险。因此，更好地理解与这两种疾病相关的相互交织的生理机制至关重要。

本节重点探讨抑郁与超重和肥胖之间的关系，并从机制上解释抑郁–肥胖联系的共同生物学机制以及抑郁症共病肥胖的管理。

一、抑郁和肥胖之间的关系

研究发现，体重过轻、超重和肥胖对抑郁都有显著影响。中国健康与退休纵向研究（China health and retirement longitudinal study，CHARLS）结果表明，中老年人群中，男性和女性的抑郁症比例分别为26.67%和38.37%，根据体重指数（body mass index，BMI），男性和女性超重和肥胖的比例分别为28.07和9.26%，根据腰围（waist circumference，WC），男性和女性腹部肥胖的比例分别为49.35%和73.65%。与女性相比，男性肥胖人群更容易发生抑郁。有证据表明，抑郁症和肥胖之间的联系在腹部肥胖中更强。腹部肥胖，以内脏脂肪堆积为特征，与代谢失调有更强的联系。

超重和肥胖的测量方式不同导致其与抑郁症之间的关系存在较大的变异性。抑郁也是如此，抑郁症的异质性也导致了与肥胖的相关性存在较大的变异性，表现在某些亚组的患者中的关联性更强。临床医生很清楚，同样诊断为重度抑郁症的患者可能有非常不同的症状特征。抑郁症异质性研究的一个重要方向集中在两种主要临床亚型之间，即内源性抑郁和非典型抑郁症。内源性抑郁患者最初发作阶段会出现愉快感完全丧失，对平常愉快的事情刺激缺乏反应，症状晨重夜轻，同时伴有明显的精神运动型激越或迟滞、早醒、明显的厌食或体重减轻，这类抑郁障碍患者临床严重程度高，自杀风险高，多伴有精神病性症状，常常需要住院治疗。非典型抑郁症患者没有典型抑郁症的入睡困难，而是睡眠增加或过度睡眠，没有食欲下降，而是食欲大增，没有情绪明显低落或自觉精力不济，而有全身沉重、肢体如灌铅样感觉，对外界的评价较敏感，有的表现为人际关系紧张。

新出现的证据表明，重度抑郁症与肥胖以及相关的代谢和炎症失调之间存在联系，这种关联性在非典型抑郁症患者中更强。然而，需要注意的是，相关的研究在定义“非典型抑郁症”方面并不严格，甚至有些研究仅基于少数症状（如贪食、嗜睡、疲劳）定义。因此，指出哪些非典型症状可能构成与肥胖相关的主要驱动因素至关重要。一项针对重度抑郁症患者的大规模研究表明，食欲增加以及抑郁症发作期间的体重与BMI和肥胖相关炎症（比如CRP和TNF-α水平的升高）轻度相关，与内分泌改变（高瘦素水平）高度相关。

二、抑郁－肥胖的关联机制

生理、心理和行为因素可能影响抑郁和肥胖之间的双向关联。HPA 轴的平衡调节紊乱、炎症免疫反应的激活、参与能量代谢和微生物群的神经内分泌调节因子改变、整合体内平衡和情绪调节反应的脑回路改变等都可能介导抑郁－肥胖关联的机制。这些生物通路可能以独立或协同的方式起作用。

1. 遗传机制

遗传因素影响抑郁和肥胖，加性遗传效应解释了重度抑郁和 BMI 约 40% 的表型变异，也就是说遗传因素对两种疾病的表型变异的贡献约为 40%，即遗传力约为 40%。加性遗传效应是指多基因病常由多对微效基因控制，多对微效基因的作用积累之后，可以形成明显的生物学效应。

在肥胖的遗传学方面，全基因组关联研究（genome-wide association study，GWAS）确定了 200 多个与 BMI、肥胖状况和脂肪分布相关的位点。基于转录组数据的分析显示，BMI 相关位点附近的基因在负责食欲和能量稳态以及情绪调节的大脑区域中高表达。负责食欲和能量稳态的大脑区域位于下丘脑和脑垂体，负责情绪调节的大脑区域位于海马体和边缘系统。这些发现体现了特定的大脑区域在调节体重和能量稳态中的核心作用，负责食欲和能量稳态的区域与负责情绪调节的大脑区域之间存在重叠。

在重度抑郁的遗传学研究方面，最近的 GWAS 发现了 50 多个与抑郁症表型相关的遗传位点，这些位点与 BMI 和早期肥胖基因位点及其邻近位点基因高度重叠。总的来说，目前的证据表明，抑郁症和肥胖之间的表型关系存在部分重叠的遗传基础。这种共同的遗传基础在下述的一些机制中也有所体现。

2.HPA 轴的激活机制

HPA 轴的过度激活，导致皮质醇的非适应性释放，是精神病学中结论最一致的发现之一。长期暴露于皮质醇会导致易受压力影响的边缘区域（如海马体和杏仁核）与抑郁症的发生有关的神经元损伤和丢失。

库欣综合征（cushing syndrome，CS）又称皮质醇增多症，是垂体或肾上腺腺瘤或双侧肾上腺增生引起的肾上腺皮质长期分泌过多糖皮质激素所产生的临床症候群，也称为内源性 CS。CS 主要表现为满月脸、多血质外貌、向心性肥胖、痤疮、紫纹、高血压、继发性糖尿病和骨质疏松等。在手术切除或其他针对高皮质醇症的治疗后，CS 可逆转。50% ～ 80% 的 CS 活动性疾病患者发生重度抑郁。CS 患者抑郁症状的出现以及高皮质醇症治疗后抑郁症状的改善，提示皮质醇的增加在抑郁症中的因果作用。近一半的成年肥胖者（又称为“高皮质醇性肥胖”）也存在长期 HPA 轴的过度激活。

高皮质醇暴露可能通过以下几个机制导致肥胖：①脂肪分布异常，长期使用皮质醇类药物的患者，此类药物可能会导致体内的脂肪分布异常，促进脂肪生成和肥厚，特别是内脏脂肪增加导致的肥厚，导致肥胖；②抑制棕色脂肪的产热作用，从而降低能量消耗；③糖代谢紊乱，部分抑郁症患者因为暴饮暴食，偏好能量密集性食物，导致体内的糖代谢出现了异常，如果患者本身伴有糖尿病，可能会导致体内的糖代谢紊乱，导致肥胖；④蛋白质代谢紊乱，长期使用皮质醇类药物的患者，可能会出现体内的蛋白质代谢紊乱，导致肥胖。

几种影响皮质醇释放和代谢的机制可能在肥胖和重度抑郁症中发挥作用。肥胖症患者典型的慢性炎症可能破坏糖皮质激素受体（glucocorticoid receptors，GR）的功能，皮质醇结合受体启动负反馈，从而抑制 HPA 活性。促炎细胞因子激活细胞转导级联反应元件，阻碍 GR 核易位或干扰 GR 与基因启动子中的响应元件相互作用，从而干扰 GR 的功能。

总之，HPA 轴的过度激活是抑郁和肥胖之间潜在的相关机制。高皮质醇血症在肥胖中的作用逐渐受到重视，HPA 轴影响抑郁和肥胖关联的机制有待进一步阐明。

3. 炎症、免疫系统激活机制

慢性炎症与肥胖及其并发症之间关系密切。肥胖现已被认定为一种慢性炎性状态。随着体重的增加，白色脂肪细胞被巨噬细胞和其他免疫细胞浸润后产生促炎细胞因子（IL-6 和 TNF-α）。除脂肪组织外，这些炎性细胞因子可通过体液、神经和细胞途径引发其他参与代谢的主要器官和组织（比如肝脏、肌肉、胃肠道、胰腺、大脑等）表现出不同程度的炎症反应。全身慢性炎症进而影响正常细胞代谢，增加诸多疾病的患病风险，如心脑血管疾病、糖尿病、肝脏疾病等。对肥胖动物模型的研究提示海马和皮质细胞因子表达升高，大脑通过组织和协调不同的神经通路以对抗中枢性炎症反应，进而抑制外周来源的炎症。大脑相关回路的功能失调可能导致与肥胖相关炎症的持续性增强。研究表明，中枢炎症影响抑郁症的病理生理过程，影响神经营养因子的合成，导致情绪相关神经元（比如海马回神经元）受损。炎症细胞因子也通过破坏 HPA 轴的负反馈回路导致其过度激活。

近年来，炎性小体作为炎症激活的重要调节因子越来越受到关注。炎性小体是一组蛋白质复合物，由生理和心理及社会压力诱导的分子模式触发，并通过激活半胱氨酸天冬氨酸酶（caspase-1）将细胞因子前体裂解为活性形式发挥作用。研究表明，肥胖小鼠的脂肪细胞中 NLRP3 炎性小体和 caspase-1 的表达上调，抑制 caspase-1 可降低肥胖小鼠模型的体重以及增加的体重。此外，NLRP3 炎性小体的表达上调可能决定 caspase 介导的皮质醇受体（GR）剪切，削弱其反应性，从而导致 HPA 轴的慢性激活。免疫炎症失调在抑郁症中的作用已被大量证据证实。抑郁症患者外周血单个核细胞 NLRP3 和 caspase-1 表达也升高。总之，炎症增加可能是抑郁症和肥胖症的一个中心病理生理过程。

4. 瘦素－黑素皮质素通路受损机制

瘦素－黑素皮质素通路是能量稳态的关键神经内分泌调节因子。瘦素（leptin）是一种由白色脂肪组织分泌的激素，它在血清中的含量与动物脂肪组织大小成正比 。瘦素作用于位于中枢神经系统的受体（leptin receptor），从而调控生物的行为以及新陈代谢。当动物体的体脂减少或处于低能量的状态下（例如饥饿时），血清中瘦素的含量会明显下降，进而激发动物的觅食行为，同时降低自身能量消耗。反之，当生物体的体脂增加时，血清中瘦素含量升高，进而抑制进食并且加速新陈代谢。瘦素就是通过这样的负反馈机制来调控生物体的能量平衡以及体重。

瘦素－黑素皮质素通路上关键基因（比如瘦素、瘦素受体和黑素皮质素 4 受体）功能失调会导致罕见的极端类型的肥胖，其特征表现为严重的贪食。常见类型的肥胖与瘦素抵抗有关（类似于 2 型糖尿病的胰岛素抵抗），使其产生厌食症的效果减弱，不过，尽管循环瘦素升高，但仍能抑制一定程度的进食。中枢抵抗是由于瘦素通过血脑屏障转运受损，瘦素受体功能降低，以及瘦素信号转导缺陷。与肥胖相关的炎症在干扰瘦素中枢信号转导中起着重要作用。CRP 被证明可以直接抑制瘦素与其受体的结合。此外，中枢性炎症可通过激活来自多个负反馈回路的抑制信号而损害下丘脑瘦素受体的活性。

瘦素对情绪也有影响。在动物模型中，通过外周和中枢性给药方式进行行为测试都提示瘦素具有抗抑郁样作用，并可逆转慢性应激诱导的抑郁样行为。瘦素对情绪的影响可能通过不同的途径发挥作用，例如，通过海马和杏仁核表达的受体直接作用于神经元，增强海马和皮质的神经发生和神经可塑性，调节 HPA 轴和免疫系统的功能。有假设认为，瘦素抵抗（由于中枢信号转导功能降低，导致外周高瘦素血症），可能增加了抑郁症某种表型的风险。有研究表明，小鼠海马和皮层瘦素受体的遗传缺失会导致高瘦素血症并伴有抑郁样表型，并对氟西汀和去西帕明治疗产生耐药性。一项基于 2 000 多名受试者的研究显示，与健康对照组相比，神经营养相关症状（特别是食欲增加和体重增加）增加的重度抑郁症患者循环瘦素水平也更高，且与 BMI 无关。一项基于 25 000 多名受试者的研究显示，只有以食欲 / 体重增加症状为特征的重度抑郁症与循环瘦素的多基因风险评分相关。

5. 胰岛素抵抗机制

胰岛素抵抗是指各种原因使胰岛素促进葡萄糖摄取和利用的效率下降，机体代偿性地分泌过多胰岛素产生高胰岛素血症，以维持血糖的稳定。胰岛素抵抗易导致代谢综合征和 2 型糖尿病。胰岛素抵抗相关的因素包括遗传因素、肥胖、各种疾病因素（长期高血糖、高游离脂肪酸血症、某些药物因素）以及慢性低度炎症状态，其中肥胖，尤其是中心性肥胖，是导致胰岛素抵抗的最主要原因。胰岛素在大脑中有重要的作用，特别是在胰岛素受体高度表达的海马体和邻近的边缘结构中。胰岛素抵抗引起的局部脑代谢改变与记忆和执行功能损害以及海马和内侧前额叶皮质的神经元损伤有关。因此，有人推测胰岛素调节异常可能在痴呆和抑郁症等神经精神疾病中发挥作用。观察性研究证据表明抑郁症和胰岛素相关疾病之间存在联系。最近的一项对横断面研究进行的 meta 分析发现，抑郁症和胰岛素抵抗之间存在显著的关联。另有些 meta 分析表明，抑郁症和 2 型糖尿病之间存在潜在的双向关联。总的来说，能量稳态机制的改变可能是抑郁症和肥胖之间联系的一个中心环节。

6. 肠道菌群失调机制

胃肠道微生物群在肥胖的病理生理学中扮演着重要的角色。肠道微生物群由 40 万亿个细胞组成，有数百种不同的种类，携带的基因是人类的 250 ～ 800 倍，是一个极其复杂的活跃网络，直接影响宿主代谢表型。拟杆菌门和厚壁菌门是人类中占主导地位的优势菌门，后者比前者产生更多的能量。肥胖的特征是拟杆菌门 / 厚壁菌门比例失调，通过实验改变微生物菌群的组成可调节肥胖的发展。拟杆菌门/厚壁菌门比例失调与局部炎症标志物有关，局部炎症可能会增加肠道对细菌的渗透性，从而导致全身性炎症（代谢性内毒素血症）的发生和发展。这种炎症反应最终可能会触发炎性小体的激活和高表达以及与抑郁相关的大脑行为，从而形成一个肠道－大脑－微生物群轴，进而影响情绪状态。

基于人群队列的 1 135 个样本的多基因组分析显示，微生物菌群与重度抑郁症以及采用三环抗抑郁药和选择性血清素再摄取抑制剂治疗的几种疾病之间存在关联。但微生物菌群活动与肥胖和抑郁之间关系的确切机制尚未完全阐明。

7. 大脑机制

上述的多种机制导致的生物学改变影响中枢神经系统的食欲和稳态调节过程，从而导致肥胖和抑郁。外周信号通路与大脑中涉及感知、认知和与潜在奖励刺激相关行为的回路进行通信。来自啮齿类动物和人类研究的证据表明，肥胖与下丘脑对代谢信号分子的反应变化有关。研究证据最充分的是与肥胖相关的瘦素抵抗，瘦素抵抗使得下丘脑对瘦素厌食信号反应迟钝，导致贪食症，进而导致肥胖的发生。大量的文献报道，动物和人类在暴露于致抑郁性应激的情况下，下丘脑功能的改变与皮质醇和瘦素水平升高有关。

8. 其他机制

以上讨论了抑郁症和肥胖之间的生物学机制。值得思考的是，这些近端机制可能受到更远端的行为和心理社会因素的严重影响。在过去的几十年里，久坐不动的生活方式、体育活动时间的减少、高热量美味食物的消费增加，以及睡眠时间的减少，构成了发展中国家肥胖增长长期趋势的主要驱动力，这些因素称为抑郁症和肥胖发生的远端因素。这些危险因素的聚集在抑郁症患者中很常见。抑郁症患者更有可能出现吸烟、过度饮酒、营养不良、睡眠卫生不良和久坐等行为。这些行为因素与抑郁症和肥胖的生物调节失调有关，值得持续性关注和进一步探讨。

三、抑郁症共病肥胖的管理

1. 抗炎症营养管理

根据上面讨论的抑郁症共病肥胖的相关机制，发现有一条线贯穿其中，即代谢功能障碍。代谢功能障碍以炎症、胰岛素抵抗、瘦素抵抗和高血压为特征，在肥胖个体中普遍存在，这可能会导致大脑的结构和功能变化，最终导致抑郁症的发生及进展。肥胖和抑郁互为因果，使得各自的发病风险增加了 50% ～ 60%，因此，有必要针对这两种病症采取有效的干预措施。

抑郁症与肥胖及慢性炎症有关，药物治疗在至少 30% ～ 40% 的病例中未能充分起效，营养疗法正成为一种有希望的替代方法。大量研究已经观察到 ω –3 多不饱和脂肪酸（omega–3 polyunsaturated fatty acids，ω –3 PUFAs），主要包括二十碳五烯酸（eicosapentaenoic acid，EPA）和二十二碳六烯酸（docosahexaenoic acid，DHA），在抗神经炎症、抗氧化应激、抗神经变性和调节神经递质系统方面有许多有益的作用。

临床研究证明使用 ω –3 作为辅助疗法可减轻抑郁症的严重程度，以鱼油的形式补充这些脂肪酸与常用的抗抑郁药物相当，补充 PUFAs 可能是治疗重度抑郁症的一种潜在替代方法，特别是在孕妇、儿童和老年人中。meta 分析表明，ω –3 PUFAs 对重度抑郁症患者具有积极的抗抑郁作用，且具有剂量反应关系，即补充剂中 EPA 的含量越高，抗抑郁的效果越好。另有科学家使用功能性磁共振成像研究了 EPA 和 DHA 的功效，观察到情绪感知和认知控制区域的大脑活动升高，然而，ω –3 PUFAs 的疗效可能会因抑郁症患者是否存在并发症而存在差异，因此需要针对每位患者的独特需求和症状量身定制个性化治疗策略、确定治疗的剂量。

总之，ω –3 PUFAs 已被确定为抑郁症的潜在治疗药物，特别是那些对抗抑郁药没有反应的患者，是一种很有前景的饮食干预措施。在临床实践中实施该干预策略，可能有助于改善抑郁症合并肥胖患者的预后。

2. 压力管理是根本

除了代谢性功能障碍外，压力也是一个根源性的共性因子。管好压力，从根本上管理好生活方式，这对抑郁和肥胖都有益。来自生活的压力主要包括经济方面、时间方面以及工作和家庭生活方面。

在很多人看来，经济原因可能是导致日常生活压力的主要原因之一，有的人常常觉得自己的钱不够用，即使钱够用，又担心过多的钱该如何管理。金钱不是简单的问题，但也没有必要将金钱问题看得如此复杂。为了从经济角度为生活解压，可以从以下几个方面重视：①充分认识自己对金钱的真实感受，包括偏见和观念；②清楚认识自己的财富观，不要成为金钱的奴隶；③为现在和将来建立一个具体的经济目标；④为了目标的实现，应建立较为具体的实施计划；⑤确切知道自己的支出和收入；⑥建立财务储备金。具体实践内容，可以参考相关的理财书籍。

从经济角度为生活解压，除了上面几条操作性较强的要点之外，再给出无压理财的5条黄金法则：①生活在自己的能力范围之内，支出不要超过收入，尽量不要轻易使用信用卡，除非必要；②摆脱负债，高利息负债会产生强烈的压力反应，当你开始清偿债务的时候，就会觉得头上的乌云在慢慢散去，呼吸也会更加顺畅；③简单理财，可以咨询银行或投资机构；④随时了解自己的财务和财产状况，保持收支平衡；⑤为将来做打算，唯一的办法就是积蓄、积蓄再积蓄。总之，尽管金钱很重要，但是我们不应该被金钱所控制。

压力管理的第二个法宝是有效管理时间。与极度匮乏的时间相比，金钱造成的压力或许不算什么。有的人永远觉得时间不够，有做不完的事情，慢性压力就出现了。很多优秀的书籍或者网站都介绍了如何合理安排和利用时间，其中最重要的是要明确时间管理的对象，按照紧迫程度，列出工作清单，关注时间管理清单上最重要的5件事情，学会舍弃一些没有多大意义且不重要的事情。并且记住，只要是做重要而又有意义的事情，时间不够永远只是借口而不是原因。

压力第三个方面的原因是来自工作、家庭和生活方面。工作是一种正能量、工作能带给人满足感和成就感，并且可以缓解压力，仅仅是少部分幸运儿的感受，绝大多数人认为工作以及工作中的人际关系是导致压力的主要方面。除了工作之外，家庭是我们生活最重要的一部分，也是我们面临压力的主要来源之一。家庭压力可能来自婚姻、子女、亲戚等方面，对于婚姻和子女问题，沟通最重要。对于亲戚关系产生的不愉快问题，该拒绝的时候应该学会拒绝。

（唐成武　黄博）

第三节 抑郁与高血压

高血压是全球疾病负担的重要影响因素之一。目前，约 1/4 的成年人被诊断患有高血压，预计到 2025 年，这一比例将达到 1/3 左右。高血压是指体循环动脉血压持续升高，并可能导致心、脑、肾和血管改变的常见的临床综合征。体循环动脉血压是推动血液在动脉血管内向前流动的压力，也是血液作用于动脉管壁上的侧压力。许多被诊断为高血压的人通常都有躯体症状、生活质量下降、角色障碍等方面的经历，这些因素可能使他们更容易受到心理困扰，尤其受到抑郁症的困扰。与其他精神疾患相比，抑郁症患者的高血压和心血管疾病的共病情况更普遍。研究也表明，对高血压患者而言，如果共患焦虑和抑郁等精神症状，其血压波动更大，导致心血管和靶器官损伤的风险更大。据报道，中国高血压患者中抑郁症的总患病率为 28.5%。近期的一项系统评价和 meta 分析纳入了 41 项研究共计 30 796 例对象，结果表明：高血压患者中抑郁症的总患病率为 26.8%，其中，男性 24.6%，女性 24.4%。

目前，抑郁症与高血压之间的关系很少受到关注。但是，研究人员已经观察到血压和心理因素之间的相互作用。研究者通过让高血压患者谈论健康问题或其他生活压力，可以诱导患者的血压大幅升高，而在安静休息 20 ～ 40 分钟后，他们的血压则大幅下降。在接下来的几十年里，这些观察结果得到其他研究者的多次验证。研究者也发现，医生在测量受访者的血压时会出现受访者的血压和心率的明显升高，后来这种效应被称为“白大褂效应”。研究者认为这种效应是患者就诊后焦虑反应的结果。

目前的研究表明，抑郁症和高血压之间可能相互影响、存在共同生理机制以及共同的危险因素。高血压患者更容易出现抑郁症状，而抑郁症患者发生高血压的风险较高，这可能是由于两者都与神经系统的功能紊乱有关。研究发现，两者都与体内炎症反应增强、血管内皮功能障碍以及社会压力等因素有关。危险因素方面，高血压和抑郁症有一些共同的危险因素，如肥胖、家族史、不健康的生活方式等，这些因素可能导致两者的发生率升高。

鉴于高血压和抑郁症共患现象非常普遍，因此更好地了解它们之间的关系非常重要。本章重点讨论抑郁与高血压之间的关系、相关机制以及抑郁症共病高血压的应对策略。

一、抑郁症和高血压的关系

1. 抑郁增加了脑血管病的风险

虽然没有明确的证据表明抑郁症和高血压的发展之间的联系，但抑郁症对高血压患者的管理和预后有影响。一项流行病学研究分析了老年人抑郁症状与血压控制、中风和心血管相关死亡率之间的纵向关联，结果表明，老年高血压患者和重度抑郁症状患者中风的风险增加，这种关联似乎与血压控制有关，这种关联性在女性患者中尤为突出。

抑郁症也与老年人中风的高风险有关。在日本开展的一项针对 901 例对象长达 10 年的前瞻性研究发现，抑郁症状是缺血性中风的预测因子。另一项针对 4 736 例年龄在 60 岁或以上且伴有收缩期高血压（收缩期高血压定义为收缩压≥160 mm Hg 和舒张压＜ 90 mm Hg）的患者进行的研究表明，高血压患者的高死亡率、卒中、心肌梗死的风险与抑郁症状的增加显著相关。一项针对 4 538 名 60 岁及以上的单纯性收缩期高血压患者进行平均随访 4.5 年的研究表明，抑郁症患者的收缩压水平也较高，抑郁是导致心力衰竭风险大幅增加的独立危险因素。

2. 高血压可能是抗抑郁药物的副作用

抑郁症共病高血压可能是抗抑郁药物的副作用。研究表明，三环类抗抑郁药和单胺氧化酶抑制剂（monoamine oxidase inhibitor，MAOI）与收缩期和舒张期血压的降低和升高有关。虽然 5 – 羟色胺选择性再摄取抑制剂（serotonin selective reuptake inhibitors，SSRIs）对血流动力学的影响较小，但服用 SSRIs 的患者也有高血压的报道。一项 meta 分析显示，与安慰剂对照相比，抗抑郁药文拉法辛（venlafaxine）或丙咪嗪（imipramine）治疗的抑郁症患者，其血压变化呈剂量依赖性升高，抗抑郁药物组出现了持续性血压升高。据此推测，增强去甲肾上腺素能神经传递可能是抗抑郁药增加血压的一种机制。与 MAOI 治疗相关的高血压危象中，血液中高浓度未代谢的酪胺或拟交感神经物质会触发外周交感神经元释放去甲肾上腺素，导致心脏去甲肾上腺素能活性的增加，这可能是 SSRIs 增加血压的机制之一。

3. 抗抑郁药物可能导致低血压

抗抑郁药物除了导致血压的升高外，也可能导致低血压的发生，据此推测，抗抑郁药物可能是导致低血压的危险因素。研究表明，中枢性 5 – 羟色胺可能在血压调节中起重要作用，SSRIs 可引发中枢 5 – 羟色胺神经传递的级联变化，从而增强自主神经张力，进而导致血压的下降。临床研究发现，抑郁症患者采用氟西汀和舍曲林治疗可以增加和稳定神经心源性低血压患者的低血压，在采用三环类药物治疗期间，直立性低血压的风险远比血压升高更需要引起重视，MAOIs 也会导致相对较高的直立性低血压发生率。

值得重视的是，老年人更容易发生直立性低血压。一项研究对服用去甲替林 35 ～ 100 毫克 / 天，连续治疗 8 周的老年女性抑郁症患者进行研究，治疗前后分别进行倾斜试验（tilt-table test），比较正常血压组和高血压组（用噻嗪类利尿剂控制血压）直立性低血压的发生情况，并探讨了与主诉的头晕症状之间的关系。研究在基线和每 2 周评估一次受试者的血压和心率。研究结果提示：两组直立时收缩压下降均有所增加，高血压患者收缩压下降的均值为 10.5 毫米汞柱，正常血压组为 7.7 毫米汞柱，两组心率增加均值为 14 次 / 分。在基线时抑郁症患者直立性低血压的发生率为 21%，而在治疗 8 周后增加到 33%，倾斜试验的结果证实了治疗后直立性低血压频率的增加。该研究并没有发现治疗前后直立性低血压与主观头晕主诉之间的相关性。

4. 高血压是抑郁症的危险因素

一方面，前面几点讲述的是抑郁症以及治疗可能增加了高血压或低血压的发生风险，另一方面，研究表明高血压也可能是抑郁症发展的危险因素，即两者之间存在双向的因果关系。神经影像学研究显示晚年抑郁症患者缺血性相关疾病的发生率较高，根据血管性抑郁理论，这些缺血性相关疾病可能代表了高血压患者抑郁症的易感性增加。血管性抑郁是抑郁症常见的亚型，是近 10 年提出的一个新概念，表现为一组与脑血管病或血管危险因素密切相关的一种老年期抑郁综合征，已成为抑郁症领域的研究热点。

高血压是一种慢性病，需要长期服药治疗。高血压引起抑郁症可能是患者不能按照医嘱用药，血压长期得不到有效控制，导致过度担忧、焦虑等情绪引起的。过度担忧和情绪压力会导致情绪波动，影响交感神经的正常调节功能，进而导致血压升高。

二、抑郁症共病高血压的机制

1. 自主神经功能受损

自主神经系统由交感神经和副交感神经组成，自主神经功能受损与心血管疾病的风险增加有关。心率变异性（heart rate variability，HRV）和血压变异性（blood pressure variability，BPV）测量方法对患者的配合度要求低且敏感性高，已经成为目前评估自主功能的较为理想的方法。HRV 是一种对心脏搏动变化的评估，为适应环境的改变和心理应激的挑战而不断变化的心率是健康的调节系统的标志，HRV 降低表明身体对压力的反应欠佳，可能会加剧慢性压力的负面影响，增加与压力相关的疾病的风险。多项研究结果表明，HRV 指数在抑郁症和焦虑症患者中显著降低，精神疾病患者的 HRV 较低与较差的心血管健康结局和各种血管性疾病的风险增加有关。

BPV 是指一定时间内血压波动的程度，反映个体在几分钟内、几小时内或更长时间内（比如几天、几周、几个月甚至几年）的血压变化情况。正常人 24 小时血压节律呈双峰双谷，即上午 6—10 时上升，午后 2—3 时下降，4—6 时又上升，而后缓慢下降直至凌晨 2—3 时的最低谷值，这种昼夜血压波动曲线形如长勺，因此称这种血压为勺型血压。血压的这种昼夜节律适应机体活动的变化，能有效保护心、脑、肾等重要脏器的结构和功能。对高血压患者进行 24 小时动态血压监测，如果高血压患者夜间血压下降的幅度超过白天血压的 10%，称为勺型血压，超过 20% 称为深勺型血压，不足 10% 称为非勺型血压。如果高血压患者夜间血压反而比白天血压要高，称为反勺型血压。高血压患者的血压发生变异提示人体正常的血压节律消失，这种变异性影响人体功能的自我调节，可造成相应脏器的损害，从而与许多疾病的发生有关。高血压患者常见的“晨峰血压”、直立性低血压以及寒冬热夏这种长时间内季节性血压的明显变化，都会在不同程度上影响心脏血管等器官的功能，临床治疗可控性较差，影响预后。一些研究报告了精神疾病患者 BPV 的增加，与心血管风险和靶器官损伤的风险增加有关。近期的一项系统评价研究结果表明，在青年人和中年人中，精神疾病与 BPV 的增加显著相关。在老年人群中，精神疾病和 BPV 之间的联系不太清楚，需要对老年人进行更大规模的研究，以探索精神疾病和 BPV 之间的关系。

总之，HRV 和 BPV 都是心血管功能和自主神经功能的重要指标。目前的研究发现，精神疾病患者这两项指标的异常率较高，反映其心血管功能和自主神经功能的恶化。因此，对精神疾病的早期治疗以及干预与自主神经失调相关的疾病，可降低心脏不良结局的可能性。

2. 遗传易感性

抑郁症和高血压均有遗传倾向和家族聚集性，抑郁症和高血压的高共病性是遗传和环境因素综合作用的结果。一些研究表明，共同的遗传易感性可以解释抑郁症和高血压之间的关系。一项研究探讨了 314 名抑郁症患者的父母高血压疾病史对患者动态血压（ambulatory blood pressure，ABP）的影响，抑郁症通过贝克抑郁量表（Beck depression inventory，BDI）进行测定，结果表明，在高血压家族史阳性的抑郁症患者中，BDI 得分与 24 小时 ABP 之间存在显著相关性，而在高血压家族史阴性的抑郁症患者中没有看到这种关联性。另外，该研究还表明，与无高血压家族史以及双亲中仅有一个高血压的患者相比，双亲都是高血压家族史阳性的抑郁症患者中，BDI 得分与 24 小时 ABP 之间的相关性更强。

另有研究表明，高血压家族史阳性的受试者在休息时、精神压力应激期和恢复期的血压和心率均表现出较高的波动水平。有阳性家族史的受试者在试验期间报告了更多次的抑郁复发，这表明遗传和心理因素与心血管高反应性有关。

实验动物的研究结果也表明，遗传上高血压敏感性高的大鼠有非常高的抑郁倾向，表现为习得性无助行为，这可能与 HPA 轴的低反应性有关，用血管紧张素转换酶抑制剂（angiotensin converting enzyme inhibitor，ACEI）阻断肾素 - 血管紧张素系统可逆转啮齿动物的这种习得性无助。习得性无助是指当个体无法控制重复遭受的消极事件时，对痛苦刺激被动接受、放弃一切求生努力的一种状态。临床试验研究证据表明，ACEI 卡托普利具有抗抑郁的特性，这表明肾素 - 血管紧张素系统可能不仅与血压的升高有关，而且可能导致抑郁症，尽管其机制尚不清楚。但是，不是所有的研究都得到了一致的结果。

三、抑郁症共病高血压的处理

1. 药物治疗

抑郁症合并原发性高血压时，抗抑郁的药物与降压药物要同时应用，并且要给予患者更多的心理治疗。因为合并高血压之后，抑郁症患者更容易出现焦虑、紧张的情绪，而这些焦虑、紧张的情绪，反过来又会导致血压忽高忽低。降压药的选择上应该尽量选用长效稳定的药物，比如，氨氯地平、硝苯地平控释片、ACEI 类的药物（贝那普利、赖诺普利）和血管紧张素受体拮抗剂（angiotensin receptor blockers，ARB）类的药物（厄贝沙坦、缬沙坦）等，避免选用短效和中效的降压药物，因为可能会导致患者出现更大的血压波动，降低患者的依从性。需要强调的是，当两类药物同时应用的时候，要经常测测血压的变化情况，以免导致血压过高或过低。

2. 压力管理

压力是导致抑郁和高血压的共同危险因素。一旦遇到压力，身体就会分泌交感神经素与肾上腺皮质类固醇等激素，交感神经素会让人的心跳加快，如果交感神经长期太兴奋，首先影响的是心脏血管系统。交感神经素分泌得太多，血液会变得浓稠，阻塞血管，导致高血压和心脑血管疾病的发病风险增加。压力太大时，身体所分泌的肾上腺皮质类固醇会减少免疫系统淋巴细胞的数量，导致免疫功能低下。免疫力低下，身体内部的防御力不足，生病的概率增加，小至感冒，大至癌症，一切都有可能。

我们平常听说过劳死也是长期高强度、超负荷的劳心劳力，缺乏及时的恢复和足够的营养补充而导致的细胞快速老化和凋亡。过劳死通常发生在年轻力壮的中年人里，有些人可能原本就有基础疾病，只是他们不知道或不以为然，或是本来没有疾病却因积劳成疾而死。

在这里向你推荐两种压力管理的策略，一种策略是积极消除或减弱压力源，这属于创造性策略，另一种策略是增强个人自身的弹性，属于主动性策略。

压力是心理压力源和心理压力反应共同构成的一种认知和行为体验过程。清楚压力的来源是应对压力的第一步也是最为关键一步。压力的来源大致又可分为 6 个方面（简称“STRESS”）：①缺乏人际支持（social isolation）；②想法不切实际（thinking unrealistically）；③身体紧张（rigid body）；④情绪压抑（emotions repressed）；⑤忽略自己的需要（self-neglect）；⑥感官刺激过度（sensory overload）。了解了我们身体可能的压力来源后，消除或减弱压力源则是一项创造性的劳动。

压力又可以分为积极性压力和消极性压力。举两个例子解释一下这两种压力现象。一艘卸货后的货轮返航途中遭遇了可怕的风暴。正当水手们惊慌失措的时候，老船长果断地命令水手们立刻打开货舱往里面灌水。一个年轻的水手低声嘟囔："船长是不是疯了，往船舱里灌水只会增加船的压力，使船下沉，这不是自寻死路吗？"水手们畏惧船长的威严还是照做了。随着货舱里的水位越升越高，尽管船一寸一寸地下沉，猛烈的狂风巨浪对船的威胁却一点一点地减少了，货轮渐渐平稳了。船长望着松了一口气的水手们说："百万吨的巨轮很少有被打翻的，被打翻的常常是根基轻的小船。"船在负重的时候，是最安全的；空船时，则是最危险的，这就是"压力效应"，积极压力的效应。第二个例子是关于西楚霸王项羽，被刘邦追杀逃到乌江渡口，当年跟随他渡江的两千江东子弟都已经阵亡得差不多了，身边只剩若干骑，过了乌江就是家乡，他起兵的地方。属下劝他回家乡再召集子弟起兵，但是他自觉没有脸面见江东父老，于是在渡口拔剑自刎。一次次的溃败累积的消极压力使得项羽不堪重负。

个人的弹性是指应对生活中各种挑战和变化能力的大小。拥有良好的个人弹性可以帮助我们更好地适应环境、克服困难，并在逆境中保持乐观态度。增强个人自身的弹性主要可从 3 个方面着手：①增强生理弹性，注重心血管的调适，合理饮食，积极锻炼；②增强心理弹性，尽量平衡生活与工作的关系，践行健康平衡的生活方式、培养坚强的个性，生活和工作中采取步步为营的策略，多学习一些深度放松的技巧；③增强社会弹性，积极寻找支持性的社会关系，努力挖掘生活中的良师益友，寻求团队协作。

（张颖　王诗雯）

第四节 抑郁与糖尿病

抑郁症是一类由多因素所致疾病的总称，也可导致多种疾病的发生。抑郁症是一种代谢性疾病，抑郁症与多种代谢性疾病（比如肥胖和糖尿病等）和多种代谢性因子介导的信号转导通路有关。抑郁症是一种血管性疾病，与多种血管性疾病（比如心血管疾病和脑血管疾病等）和多种血管性因子和酶系统的激活有关。抑郁症是一种内分泌和应激障碍性疾病，与多种内分泌和应激性激素介导的信号转导通路有关。抑郁症是一种炎症性疾病，与多种促炎症因子和抗炎症因子介导的信号转导通路有关。抑郁症是一种营养性疾病，营养因素的摄入不足或失衡可能增加抑郁症的发生风险。抑郁症是一种神经退行性疾病，抑郁症患者海马体积减小，多种神经营养支持系统发生改变。

糖尿病患者长期受到心理问题（尤其是抑郁症）的困扰，已经是不争的事实。研究也表明，抑郁症在 1 型（type 1 diabetes mellitus，T1DM）或 2 型糖尿病（type 2 diabetes mellitus，T2DM）患者中的发病率是普通人群的两倍，并且与不良预后有关。抑郁症是 T2DM 的重要危险因素，抑郁症可使 T2DM 的发生风险增加 60%。早在 17 世纪，著名的英国医生 T.Willis 就注意到，糖尿病经常发生于经历了重大生活应激、长期忧伤或悲伤者。抑郁症不仅增加了 T2DM 的发生风险，同时也是心脑血管性疾病的确定性危险因素。在临床上，很多糖尿病患者由于种种原因（比如自己不知情或者羞于表露等），在求医的过程中没有向医生诉说，因而受着躯体疾病和心理疾病的双重折磨。另外，绝大多数管理糖尿病患者的医护人员对心理问题缺乏足够的认识，甚至会因为某些患者的主诉太多和咨询问题太多而不耐烦。

目前的研究证据表明抑郁症与糖尿病可能互为因果关系，且它们之间的关联机制极其复杂。越来越多的证据表明，抑郁症和 T2DM 有共同的危险因素和生物学起源，特别是先天免疫的过度激活导致细胞因子介导的炎症反应，导致 HPA 轴的调节失调。

本节主要探讨抑郁症和糖尿病之间的关系、相关机制以及糖尿病共病抑郁症的处理。

一、糖尿病和抑郁症的危险因素

多种因素可使糖尿病患者发生抑郁症状的风险增加，归纳起来可以分为两类，一类是非特异性危险因素，包括性别（女性高发）、缺乏社会支持、社会经济地位低下、年轻人或伴有躯体疾病的老年人群、发生重大生活事件等；另一类是与糖尿病相关的特异性因素，包括出现与糖尿病相关的临床表现、糖尿病血管性并发症（比如，糖尿病视网膜病变和糖尿病肾病等微血管并发症以及糖尿病心脑血管性并发症）、晚期并发症（比如，终末期糖尿病肾病）、持续性血糖控制欠佳、需要胰岛素治疗的 T2DM 患者、病程较长的糖尿病患者、需要服用多种药物的患者、日常活动较少者、存在低血糖问题者等。

抑郁症通过多种生理机制增加了 T2DM 的发生风险，例如 HPA 轴、交感神经系统的激活和心理行为相关机制（比如缺乏体力活动、抑郁症在很大程度上可以由行为因素来解释）等，反之亦然。糖尿病作为一类慢性炎症性疾病，细胞介导的细胞因子的产生在其中发挥关键作用。多种因素可导致细胞介导的炎症因子的高表达，比如生活方式、HPA 轴功能异常（高皮质血症）、交感神经系统的激活、童年的不幸经历、胎儿营养、遗传因素、年龄相关因素（比如衰老）、内皮功能紊乱和动脉粥样硬化等。炎症因子的高表达可增加抑郁症、认知障碍、T2DM 以及内皮功能紊乱和动脉粥样硬化的高风险。

二、抑郁症是一类疾病的总称

1. 抑郁症是一种代谢紊乱性疾病

代谢失调影响脑功能和外周葡萄糖调节紊乱，可能与认知障碍和抑郁情绪有关。抑郁症与肥胖、代谢综合征和 T2DM 高度相关，甚至有人讨论将抑郁症归类为代谢综合征的亚型。营养激活的肠道到大脑的信号通路在控制消化、食欲和能量摄入方面起着重要作用。营养感应性肠内分泌细胞受到刺激后释放许多信号肽，比如，胰高血糖素样肽 -1（glucagone-like peptide-1，GLP-1）、胆囊收缩素、胃饥饿素、瘦素和脂质内源性大麻素系统（lipid endocannabinoid system）等都已被证明可以向大脑发出信号。研究表明，所有这些胃肠激素都与情绪调节有关，并且在治疗抑郁症状上有一定的疗效。

2. 抑郁症是一种内分泌紊乱性疾病

在甲状腺功能减退症患者中，抑郁症状的患病率接近 50%，超过 40% 的甲状腺功能减退患者出现临床抑郁症，在甲状腺功能亢进症患者中，抑郁症状的患病率达到 28%。无甲状腺功能异常的健康个体中促甲状腺激素（TSH）水平低，可能与抑郁症风险增加有关。TSH 是由腺垂体分泌的激素，腺垂体分泌的 TSH，一方面受下丘脑分泌的促甲状腺激素释放激素（thyrotropin releasing hormone，TRH）的促进性影响，另一方面又受到甲状腺激素反馈性的抑制性影响，二者互相拮抗，它们组成下丘脑 - 腺垂体 - 甲状腺（hypothalamic adenopituitary thyroid，HAT）轴。

促肾上腺皮质激素释放激素（corticotrophin releasing hormone，CRH）和精氨酸加压素是应激激素系统的中枢驱动因子，它们诱导促肾上腺皮质激素（adreno-cortico-tropic hormone，ACTH）进入外周，从而激活肾上腺皮质释放出肾上腺皮质激素（adrenal cortex hormone，ACH）。ACH 是一种压力性激素，抑郁症等慢性压力相关疾病引发的 ACH 导致皮质类固醇受体信号转导受损，使得个体压力相关疾病的风险增大。这些激素还在大脑中充当神经调节剂，影响包括情感、认知和行为在内的高级心理功能。如果这些应激激素持续高分泌，会引发严重的临床症状，阻碍对应激的充分适应。

3. 抑郁症是一种心血管疾病

抑郁症是一种心血管疾病。抑郁与心血管疾病之间存在双向关系。重度抑郁症与冠状动脉疾病、心肌梗死、充血性心力衰竭和单纯性收缩期高血压的风险增加相关，导致患者发病率和死亡率的增加。各种病理生理机制可能是抑郁症患者心血管疾病风险的基础，比如炎症、血液黏滞度高、氧化应激、甲状腺功能减退的易感性增加、交感 - 肾上腺髓系统和 HPA 轴的过度活跃、内皮祖细胞的生成减少、动脉修复过程速度降低以及心率变异性的降低等。血管内皮生长因子（vascular endothelial growth factor，VEGF）是一种调节血管功能的内皮细胞，有丝分裂原和生存因子，该因子也在大脑中表达，具有神经保护和神经源性作用。研究表明慢性应激暴露可以降低 VEGF 的水平，而抗抑郁药物的使用可增加海马

VEGF 的表达。

4. 抑郁症是一种营养相关性疾病

抑郁症是一种营养相关性疾病。饮食可能会潜在地影响患抑郁症的风险。一项 meta 分析结果表明，一些营养因素与抑郁风险呈负相关，比如叶酸、omega-3 脂肪酸、单不饱和脂肪酸、橄榄油和鱼类以及富含水果、蔬菜、坚果和豆类食物可降低抑郁的风险。一些研究表明，叶酸缺乏在抑郁症、双相情感障碍和认知功能障碍等精神疾病患者中非常普遍。充足的叶酸水平对大脑正常运转至关重要。叶酸与维生素 B_{12} 和维生素 B_6 作为催化辅助因子，影响认知表现和情绪。

5. 抑郁症是一种神经退行性疾病

抑郁症是一种神经退行性疾病。大多数研究发现，抑郁症患者的海马体积减小，长期压力可能抑制神经的生成和树突收缩，导致海马神经元丢失。BDNF 调节与抑郁有关的神经元网络的突触可塑性。BDNF 的上调可能逆转成人大脑中压力诱导的结构和突触可塑性缺陷，导致认知灵活性和适应环境挑战的能力增强，这些挑战可能会加速或加剧抑郁发作。最近的研究表明，抑郁症患者血液中的 BDNF 水平降低，而抗抑郁治疗后 BDNF 水平升高，BDNF 很可能通过磷酸肌醇依赖性激酶 3（phosphoinositol dependent kinase 3，PDK-3）、Akt 和糖原合成酶激酶（glycogen synthase kinase，GSK3）信号通路发挥作用。

三、糖尿病与抑郁的共同生物学机制

抑郁症和 T2DM 之间的联系的一种解释是，患有慢性疾病的生活心理负担使患者容易抑郁，而 T2DM 患者的抑郁与不良的自我照顾行为有关。诊断为 T2DM 的人患抑郁症的风险似乎高于糖代谢受损或未诊断为糖尿病的人。抑郁症与 T2DM 患者有相似的环境和生活方式因素。儿童时期的逆境（比如受虐待和被忽视）已被证明对抑郁症有影响并且与糖尿病的发生有关联。在成年期，工作压力会增加患 T2DM 和抑郁症的风险。抑郁症通常出现在成年早期，与被忽视和自卑有关，这可能会增加不健康生活方式的风险，进而增加患 T2DM 的风险。

糖尿病和抑郁之间存在一些共同因素，存在生物学的同源性，脑内某些区域的 5- 羟色胺（5-HT）和去甲肾上腺素（noradrenaline，NE）相对不足，HPA 轴活性过度导致降低 ACTH；血浆皮质醇增高和胰岛素抵抗，使 5-HT 系统的功能障碍，这些变化都与糖代谢紊乱以及抑郁情绪的产生相关。

关于糖尿病和抑郁症之间的联系，目前已经提出了几种生物学机制。糖尿病和抑郁存在中等程度的遗传相关性，各种与 T2DM 相关的单核苷酸多态性与抑郁症也存在相关性。低出生体重伴随童年体重加速增长对后来 T2DM 的发病率有很大影响，meta 分析显示，低出生体重和后来的抑郁症之间有统计学意义上的相关性。总之，以上这些发现表明抑郁和 T2DM 可能通过共同的生物学途径并行发展。

1. 先天性免疫和炎症

激活的先天免疫和急性期炎症反应与 T2DM 的发病有关。流行病学研究证据显示，整个生命过程中的各种压力源，导致先天免疫的激活，被认为是抑郁症和 T2DM 发生的一种机制。促炎性细胞因子浓度的升高可导致胰腺 β 细胞凋亡和胰岛素抵抗，可预测非糖尿病患者发生 T2DM 的发生风险。一些非甾体类抗炎药物可改善 T2DM 的血糖控制。越来越多的证据同样表明，细胞因子介导的炎症反应与抑郁有关。细胞因子浓度的增加激活 HPA 轴，增加大脑中的氧化应激，并可能激活色氨酸 - 犬尿氨酸通路，导致血清素的产生减少，一些非甾体类抗炎药物可改善抑郁症患者的症状。如果炎症参与了 T2DM 共病抑郁症的发病机制，那么减少炎症可能是一种新的治疗方法。然而，目前缺乏实验研究证据的支持。这也提示该领域是未来一个较有前景的方向。

2. 下丘脑 - 垂体 - 肾上腺轴

HPA 轴是神经内分泌系统的重要部分，参与应激反应的控制，并调节许多身体活动，如消化系统、免疫系统、心情和情绪、性行为以及能量贮存和消耗。HPA 轴主要包括下丘脑室旁核、垂体前叶和肾上腺皮质三个部分。位于下丘脑室旁核的神经元可以合成并分泌抗利尿激素和 CRH，这两种多肽类激素可以促进垂体前叶 ACTH 的释放，ACTH 作用于肾上腺皮质合成糖皮质激素（主要是皮质醇）。糖皮质激素可以反馈作用于下丘脑和垂体，下丘脑和垂体分别抑制 CRH 和 ACTH 的合成与分泌，形成反馈调节环路。

HPA 轴与情绪紊乱和官能性疾病都有一定关系，比如焦虑症、躁郁症、失眠、创伤后心理压力紧张综合征、抑郁症以及性疲劳综合征等。抗抑郁药就是主要针对 HPA 轴，调节其功能的药物。

糖尿病通过对细胞施加代谢压力，导致 HPA 轴长期处于激活状态，进而引起胰岛素抵抗。GLP-1 是一种主要由肠道 L 细胞所产生的激素，属于肠促胰岛素。GLP-1 受体激动剂（GLP-1 receptor agonist，GLP-1RA）是近年来的新型降糖药，通过激活 GLP-1 受体，以葡萄糖浓度依赖的方式增强胰岛素分泌，抑制胰高糖素分泌，并能够延缓胃排空，通过中枢性的食欲抑制减少进食量，从而达到降低血糖和减肥等作用。GLP-1RA 是一种多效激素，不仅影响血糖和代谢控制，还可激活 HPA 轴。GLP-1 与 HPA 轴的相互作用可能是 GLP-1 在食物摄入控制、血糖代谢、脂肪组织生物学和应激反应中的大部分作用的基础。在动物模型（小鼠和大鼠）、正常人以及糖尿病患者中都观察到这种活动。

考虑到 HPA 轴在情绪紊乱和代谢性疾病中的作用，有理由假设其可能在抑郁症和糖尿病中发挥机制性的作用，未来需要进行进一步实验研究和临床研究以支持该假设。

3. 胰岛素抵抗

胰岛素抵抗是指外周组织（骨骼肌、肝脏和脂肪组织等）受体对胰岛素的敏感性下降，是 T2DM 发展的必经之路。糖尿病的发生是由最初的胰岛素抵抗发展到糖耐量受损、胰岛素分泌不足引发的连续性过程。胰岛素和血糖都能通过血脑屏障，中枢性胰岛素抵抗的概念也因此提出。脑组织中的胰岛素受体和外周组织中的胰岛素受体具有不同的结构与功能。有证据表明，外周组织的胰岛素抵抗与中枢神经功能的下降有关，因此，胰岛素抵抗也可能是阿尔茨海默病和血管性痴呆的主要病因之一。胰岛素抵抗也是血液中游离脂肪酸水平的影响因素，而游离脂肪酸又是色氨酸代谢和血清素水平的影响因素。色氨酸和血清素的代谢异常与抑郁症关系密切，抑郁症所致的缺少体力活动和肥胖等行为异常，也可导致胰岛素抵抗的发生。

关于抑郁症和胰岛素抵抗的流行病学证据也日益增多。英国早期的一项针对 4 286 名 60 ～ 70 岁社区女性人群开展的观察性研究表明，抑郁症和糖代谢紊乱的关系呈 U 型，抑郁症的患病率在非糖尿病女性中随着胰岛素抵抗的加重而下降，而在糖尿病女性中呈上升趋势。芬兰和我国的研究都提示胰岛素抵抗和抑郁症的严重程度之间存在正相关。日本的一项样本量较小但设计严谨的病例对照研究表明，抑郁症患者胰岛素抵抗相比于对照组更严重，在抑郁症组采用三环类抗抑郁药物治疗，胰岛素的敏感性得到了显著改善。德国开展的一项随机双盲的试验纳入了 80 例诊断为重度抑郁的非糖尿病患者，比较帕罗西汀和阿米替林的治疗效果，经过 5 周的治疗，在调整体重指数的影响后，胰岛素敏感指数得到改善的是严重抑郁症得到缓解的患者，而与使用的药物种类无关。

总体而言，胰岛素抵抗与抑郁症之间可能存在关联，但目前缺乏前瞻性研究以及控制多种可能的混杂因素和协变量的病例对照研究的支持。

4. 自主神经系统

自主神经系统（autonomic nervous system，ANS）是外周传出神经系统的一部分，由交感神经系统和副交感神经系统两部分组成，两个分系统在大脑皮质及下丘脑的支配下，既拮抗又协调地调节器官的生理活动，支配和调节机体各器官、血管、平滑肌和腺体的活动和分泌，并参与内分泌调节葡萄糖、脂肪、水和电解质代谢，以及体温、睡眠和血压等。由于内脏反射通常不能随意控制，故名自主神经系统。

交感神经系统兴奋可释放肾上腺素和 NE，表现为心血管功能亢进，肺通气增加和支气管扩张，动脉收缩。副交感神经系统兴奋，乙酰胆碱释放增加，导致心血管功能减弱，肺通气降低和支气管收缩，动脉舒张。应激状态下，受到 HPA 的作用，交感神经系统过度或持续性激活，导致交感神经张力异常，儿茶酚胺释放增加，激发炎症反应，导致多种代谢异常。自主神经病变表现为多系统多器官功能受损。目前关于自主神经系统病变与糖尿病和抑郁症共病及其相关机制的研究较少。考虑到自主神经系统异常可能导致的炎症反应和多种代谢异常，自主神经系统异常可能在糖尿病和抑郁症共病中发挥机制性作用的假说在理论上成立，需要进一步研究证据的支持。

四、糖尿病共病抑郁症的处理

糖尿病共病抑郁症需要分两种情况处理，一种情况是糖尿病引起的抑郁，另一种是抑郁引发的糖尿病。糖尿病引起的抑郁，关键是治疗糖尿病这个原发病。糖尿病患者的治疗是一项长期而又系统的工程，需要控制饮食、监测血糖、使用药物、运动管理、心理干预和健康教育等多管齐下。抑郁引起的糖尿病，是由于长期的心理压力和情绪不稳定影响内分泌系统的平衡而导致身体出现代谢紊乱，增加了患糖尿病的风险。研究显示，抑郁症患者在发病后的 13 年中，T2DM 的罹患风险增加 2.2 倍。

糖尿病共病抑郁症的处理原则如下：①药物治疗，对于严重的糖尿病和抑郁症患者，需要使用药物治疗，无论是治疗糖尿病还是抑郁症，一定要遵循医生的建议，同时注意药物副作用和相互作用；②践行健康生活方式，是管理和缓解糖尿病和抑郁症的重要因素，主要包括每天适当的运动、健康的饮食习惯、充足的睡眠等，身体健康和心理健康，可以减轻糖尿病和抑郁症的症状，提高患者的生活质量；③寻求支持，多与家人、朋友或医疗专业人员交流，分享自己的感受和需要，及时寻求心理咨询或心理治疗来缓解抑郁症状，有助于更好地应对糖尿病和抑郁症；④养成良好的睡眠习惯，睡眠是心理健康的重要组成部分，良好的睡眠习惯有助于缓解抑郁症状和提高心理健康水平；⑤关注心理健康，与专业人员合作，了解管理心理健康的基本知识，包括寻求心理治疗、参加心理咨询或使用抗抑郁药物等；⑥积极参加社交活动，比如参加社区活动、志愿者工作、糖尿病教育课程或健康支持小组等，有助于缓解抑郁症状，减轻孤独感；⑦设定可实现的健康目标，有助于激励自己，逐步实现治疗目标，增强治疗信心，以帮助更好地管理糖尿病和缓解抑郁症状。

（张亿麒　谢翠娟）

第五节　抑郁与心血管疾病

心血管疾病（cardiovascular diseases，CVDs）和抑郁症是世界范围内的两大主要健康问题，也是导致死亡的主要原因。因为心理因素在高血压、冠心病、糖尿病等心血管疾病的发生发展中起着重要作用，所以，这类疾病也被定义为心身疾病。研究表明，在健康人群中，抑郁会使冠状动脉疾病的风险增加 1.5 ～ 2.0 倍，在冠状动脉疾病患者中，抑郁使心肌梗死风险增加 1.5 ～ 4.5 倍，而积极情绪可以降低冠心病 10 年发病率。

随着人口老龄化程度的加剧，老年人群 CVDs 和抑郁症的患病率也迅速上升。慢性疾病患者中抑郁症的患病率高达 50%。抑郁症导致多种功能性躯体障碍，严重影响患者的治疗态度，进而降低生活质量。当抑郁症与高血压、冠心病、糖尿病等慢性疾病并存时，对健康的影响尤其大，可直接影响这些疾病的治疗和预后。目前的研究表明，抑郁症和心血管疾病之间可能存在共同的病理生理机制，了解相关的生理机制，无论对抑郁症还是冠心病的治疗都有极其重要的意义。本节重点讨论抑郁与心血管疾病的关系、可能存在的共同的病理生理机制以及心理重塑对心血管的积极作用。

一、抑郁与心血管疾病之间的关系

抑郁与高血压、冠心病和糖尿病等多种 CVDs 相关，它们之间的关系极其复杂且涉及多个器官和系统。与 CVDs 一样，抑郁症应该被视为一种“全身疾病”，而不仅仅是情绪失调所导致的心理异常。一旦出现临床抑郁症，就会发生一系列生理变化，包括自主神经系统和免疫系统激活、神经内分泌改变、节律紊乱、氧化应激、血小板高凝等，这些都对心血管健康产生负面影响。

目前，大多数试图阐明这种共病的生物学基础的研究都集中在一个或几个参数上，且忽视行为因素在共病中的关键作用。例如，生活方式因素，如饮酒和吸烟，缺乏体育活动，以及不坚持用药（部分是因为出现与抗抑郁药物相关的副作用），都可能对共病相关的生物学因素起着重要作用。传统的心血管危险因素，如高血压、糖尿病、血脂异常、肥胖和药物滥用（特别是尼古丁依赖），在确定共同发病方面发挥着不同的作用，在相关研究中缺乏准确评估。这对研究抑郁与CVDs共病的机制性研究带来不小的挑战。尽管存在这些障碍，我们仍然可以从一些重要的发现中寻找线索以指导该领域未来的研究。

在第三节，我们讨论了抑郁与高血压的关系以及抑郁与高血压之间存在共同的生理学机制，主要包括自主神经功能受损和遗传易感性增加等。系统评价与meta分析的结果表明，抑郁增加了高血压发病的风险。临床和流行病学研究表明，抑郁症的存在及其严重程度与高血压患者的预后密切相关。抑郁症患者心肌梗死、脑卒中、猝死等严重心血管事件的发病率和死亡率增加。美国的一项研究表明，较低的血压水平与积极情绪的高峰值有关。

抑郁与T2DM的关系已在第四节进行了讨论。抑郁症与糖尿病之间存在共同的生理机制，例如HPA轴的激活、交感神经系统的激活、炎症介导的细胞因子的产生和心理行为相关机制等。

二、抑郁与心血管疾病关系的机制

抑郁症对老年人心血管疾病的影响可能与以下4个因素有关，主要包括心率变异性受损、全身慢性低度炎症、HPA轴功能障碍和内皮功能障碍。这些机制不仅与疾病晚期的并发症有关，而且还可能加速抑郁症和心血管疾病在初始阶段之间的联系。

1. 心率变异性受损

心率变异性（HRV）是指逐次心跳周期差异的变化情况，它含有神经体液因素对心血管系统调节的信息，可以用于判断心血管等疾病的病情，可能是预测心脏性猝死和心律失常性事件的一个有价值的指标，也被认为是迷走神经活动的标志。

HRV在CVDs中的作用主要表现为：①高血压，在高血压复杂的发病机制中，交感神经功能亢进是其中的一个重要部分。尤其在疾病的早期阶段，低频（low frequency，LF）射频比正常人高，而高频（high frequency，HF）射频比正常人低，高血压患者LF的昼夜变化消失，而HF夜间仍升高，提示交感/副交感中枢的调节机制欠佳。②冠心病，冠心病患者 HRV 昼夜节律减弱，特别在凌晨 5—6 点，迷走神经兴奋突然变为交感神经激活时，LF 增加，HF 减少，LF/HF 比值增大，血浆儿茶酚胺浓度增高，心肌耗氧量增加，可促发心脏意外事件发生，这反映 HRV 与冠状动脉的缺血确有一定关联。③糖尿病，糖尿病患者时常伴有自主神经受损，HRV 降低。

一些研究观察到自主功能受损与冠状动脉疾病严重程度之间的关系，这表明异常 HRV 相关的抑郁可能触发早期动脉粥样硬化和 / 或通过血小板聚集、过敏性炎症和脂代谢变化加速其进展。HRV 不平衡可通过诱导心肌缺血、室性心律失常和猝死，增加抑郁症患者冠心病死亡率，加速冠状动脉粥样硬化，并与梗死后的死亡率增加相关。

2. 系统性慢性炎症

促炎细胞因子在动脉粥样硬化和 CVDs 中发挥机制性作用，炎症的激活可以增加抑郁症患者血管系统的重构和内皮依赖反应。血管内皮被认为是血管健康的关键因素。血管内皮损伤导致促炎细胞因子的释放，引发一系列事件，最终导致血栓形成和血管闭塞。IL-6 和 CRP 是系统性炎症的重要标志物，也是动脉粥样硬化的指示物，并可能预测动脉粥样硬化，在 CVDs 中发挥机制性作用。

衡量内皮功能障碍的主要生物标志物包括流动介导扩张（flow-mediated expansion，FMD）、血管性血友病因子（von Willebrand factor）、可溶性细胞间黏附分子（soluble intercellular adhesion molecules，sICAM）-1、可溶性血管细胞黏附分子（soluble vascular cell adhesion molecule，sVCAM）-1、可溶性血栓调节蛋白（soluble thromboregulatory protein，STA）和可溶性内皮选择素（soluble endotheliselectin，sE-Selectin）等，这些反映内皮功能障碍的标志物可在动脉粥样硬化的早期以及 CVDs 发生之前检测到，与许多心脏危险因素相关。

炎症也是导致抑郁的主要原因，在脑血管内皮损伤中起主要作用，“血管性抑郁症”因此得名。炎症标志物在伴有或不伴有 CVDs 的抑郁症患者，以及伴有抑郁症的癌症患者中均有升高。IL-6 是在应激反应中分泌的一种细胞因子，是 HPA 轴最有效的刺激物之一，可诱导其他促炎细胞因子的释放。有学者认为抑郁症是慢性心理应激导致的炎症性疾病。慢性应激所致的身体持续性炎症状态构成了抑郁和 CVDs 的共同病理机制性因素。

有证据表明，即使在没有其他心脏危险因素的情况下，抑郁症也与内皮功能障碍有关。研究发现内皮功能障碍在抑郁症的病理生物学中发挥重要作用。抑郁症患者外周血、中枢神经系统和脑脊液中的炎症因子、趋化因子和急性期蛋白均升高。

3.HPA 轴功能障碍

前述的多项研究提示 HPA 轴是心理应激诱发抑郁症的一个非常重要的机制，HPA 轴的功能障碍可能是抑郁症和 CVDs 关联的机制性因素。在抑郁症患者中，HPA 轴调节异常不仅会减少海马体积和前额叶皮质活动，还会破坏抑郁症患者神经回路内的稳态。研究也表明，皮质醇水平升高也与葡萄糖耐受不良、高脂血症的风险增加有关，而高脂血症是高血压、冠心病等的危险因素。

大量的研究表明，糖尿病发病之前有一段高胰岛素血症期，又称为“糖尿病前期”。西式饮食的消费、营养过剩、遗传背景以及肝脏胰岛素清除率降低等都可能会增加胰岛素分泌，从而导致慢性高胰岛素血症的发生。高胰岛素血症是代谢综合征、T2DM、CVDs、多囊卵巢综合征和阿尔茨海默病发展的重要病因。最近的研究表明，高胰岛素血症也是代谢综合征患者 HPA 轴激活的驱动力，HPA 轴的激活增加导致机体出现“功能性高皮质醇血症”。高胰岛素血症和“功能性高皮质醇血症”的协同作用促进腹部内脏肥胖和胰岛素抵抗，构成代谢综合征的核心病理生理组成部分。高胰岛素血症诱导的 HPA 轴激活增加在代谢综合征及其后果（比如 CVDs）的发展中起着重要的病因学作用。因此，有必要进行纵向研究，以调查在早期阶段降低高胰岛素血症的策略是否成功地防止 HPA 轴激活增加和代谢综合征的发生。

4. 复杂的生物串扰

抑郁症和 CVDs 关联的潜在机制是多方面的。心率变异性受损、全身慢性炎症、HPA 轴功能障碍和内皮功能障碍之间可能存在复杂的生物学串扰。HPA 轴功能障碍与内皮功能障碍有关，也与促炎细胞因子表达改变相互调节。HPA 轴的失调也可能导致交感神经支配的肾上腺过度活跃，从而增加心率和血小板活化，进而导致 CVDs 的发生。

三、心理重塑对心血管的积极作用

负性事件会发生在所有人的身上。当它们发生时，有些人会崩溃、沮丧很长一段时间，有些人经过短暂的压抑后会很快恢复过来，甚至变得比以前更强大。

大量的研究表明，积极情绪可能是那些能从挫折中快速复原的人的法宝。积极情绪能让我们更加坚韧和坚强。

艰难的时刻消极情绪不可避免，消极情绪下的狭窄的思维定式像一双看不见的手，将你拉进恶性循环，消耗你的生命。当然，我们也能让消极继续的恶性循环及时刹车，关键是要发掘深藏于我们每个人内心的积极情绪的源泉。积极情绪可以帮助打开消极情绪对你精神的钳制，张开心灵和思维的翅膀，引导你飞向光明的方向。

1. 积极情绪让恶性循环刹车

积极心理学家弗雷德里克森做过一项有意思的实验。2001 年 9 月 11 日发生了震惊世界的飞机撞楼的恐怖事件，此后的很长一段时间，它都是很多美国人及其家庭的至暗日子，恐怖的阴影挥之不去。“9・11” 事件之前，她通过一个简单的问卷测量了 100 名大学生的韧性水平。“9・11” 事件发生之后，她思考能否再次联系上这些大学生，让他们谈谈事件带给他们的感受，以考察 “9・11” 事件之后韧性的情况，以及前面调查中韧性的排名能否正确预测艰难时刻的表现，希望检验 “积极情绪是创伤后复原能力的重要因素” 这一假设。

弗雷德里克森在几天之内联系上了这些学生，经过缜密的设计，通过自述和问卷的形式了解所经历的与袭击有关的压力最大时的情形，对积极情绪和消极情绪感受的频率、测量了他们的心理优势（比如乐观、安宁和生活满意度等）以及 “9・11” 事件之后经历过的任何抑郁症状。这些大学生居住、学习和生活的地点远离爆炸点，但是和大多数美国人一样，“9・11” 事件之后经历了巨大的压力，他们担心离爆炸点近的家人、亲戚、朋友，害怕未来可能发生的恐怖袭击和战争，并对未来的工作充满担忧。

对参与项目研究的学生的调查结果分析显示：①在韧性调查中得分较高的那些人，确实表现出较高韧性，与得分低的那些人比较，复原的速度更快；②具有坚韧性格的人，表现出的临床抑郁症信号最少；③与 “9・11” 事件之前相比，甚至在某些方面表现出更强的心理成长，更乐观、更平静、生活更充实；④在压力应对方面，具有坚韧性格的人应对压力的能力更强。

为此，作者得出结论：在具备韧性和不具备韧性的人之间，最关键的差异是积极情绪上的差异；积极情绪能让人们在抑郁的恶性循环中刹住车，并逐渐进入促进成长的良性循环中。

2. 积极情绪让隐藏的按钮重置

积极情绪不仅能对抗不良情绪，还让我们的内心平静，并使血压恢复到正常水平。这是因为我们每个人的体内都有一个隐藏的“重置按钮”——积极情绪按钮。积极情绪掌控着血压的峰值，维护着我们的心血管健康。

弗雷德里克森曾参加过一项关于“情绪和心血管反应”的研究。试验安排受试者坐在舒适的椅子上，研究人员在他们的皮肤上贴上微型传感器，以动态观察血压、心率及血管收缩的变化情况。研究先让受试者进行一段时间的适应，从而观察他们在基础状态下的心脏搏动情况，然后再试验压力状态下心脏的反应。

心理压力的方案构建如下：首先让受试者准备一个演讲并对演讲过程进行录像，演讲的题目为“为什么你认为自己是一个很好的人”。当受试者接到这项任务后，情理之中的反应是焦虑，这也是研究的目的之一——构建“焦虑模型”，而且模型构建得很成功，这可以通过连接皮肤的微型传感器检测得到，基本上所有的受试者都出现了心跳加快、血压上升、静脉和动脉收缩。试验的第二步是进行干预性研究。研究人员让受试者将注意力从演讲任务转移到观看一个简短的电影片段。试验将研究对象随机分成不同的四个小组，分别观看不同的电影片段，其中两个是积极的，一个是消极的，一个是中性的。积极性质的两个片段，一个是通过展现海浪来唤起宁静感，另一个是展现一只小狗与花朵玩耍以唤起轻微的逗趣。消极的片段是展现一个小男孩因为所爱的人去世而哭泣来唤起悲伤的情绪。中性的片段展现的是一个计算机屏保程序，显示着由色块堆放的抽象画面。在试验开始之前，研究人员已经提前告诉了受试者，电影片段一旦开始，就意味着受试者已经摆脱了演讲的焦虑，并开始追踪受试者积极情绪的效应。研究还测量受试者经过多长时间后其心血管的反应能从演讲任务的焦虑中回到基线水平。研究观察到，一些人的心脏在几秒钟就恢复到静息状态，而另一些人则需要 1 分钟以上的时间。研究也观察到随机被分到观看积极影片组对象心血管恢复得最快，而另两组则较慢。

上述研究结果可以用积极情绪的“还原效应”来解释。积极情绪可以平息或“还原”消极情绪的心血管后遗症，这也称为开启了隐藏在体内的“重置开关”。

3. 积极情绪让你有颗坚韧的心

当面对压力时，一般具有坚韧性格的人表现出更多积极情绪，能更快从压力的高水平状态恢复到平常心。一项由弗雷德里克森的博士生米歇尔·图盖德完成的研究检验了具有坚韧性格的人是否在生理水平上也能尽快复原。该项研究采用的方法与上述“情绪和心血管反应”的研究类似，不同的是研究的对象全部为具有坚韧性格特质的人，只是得分高低不同而已。研究结果表明，心血管复原最快的人是在坚韧性测量中得分最高的那部分人。研究得出的结论为：具有坚韧性格的人快速复原的原因在于他们能体验到高于平均水平的积极情绪。

关于坚韧度的测定，国内外的心理学家们进行了很多的探索，也积累了很多经验。国内卢国华等研究者在广泛吸收国内外“坚韧人格”概念框架和测量工具的基础上，提出了坚韧人格的概念，编制了符合中国社会文化特点、适合中国成年人使用的坚韧人格量表（表 2–1）。卢国华将坚韧人格的概念定义为：坚韧人格包含担当性、控制性、挑战性和坚持性四个维度，是集认知、行为、情感为一体的一种积极向上的人格特质。量表包含四个维度，即担当性、控制性、挑战性和坚持性。

担当性界定为个体投入或专注于其所参与的活动，敢于接受和承担责任的人格特点。内容包括个体能感受到事物带来的目的意义，愿意付出努力，专注于所从事的事情。作为人格特质的一个方面，担当性不是一种暂时的、具体的状态，而是持久的、广泛深入的情感 – 认知特质。控制性是指个体主动把控和影响所经历事件的特点。内容包括善于预见和把控事物、有较好的自我控制能力、对待困难态度乐观积极。挑战性是指个体惯于将变化看成一种挑战，并从中汲取成长力量的人格特点。内容包括个体认为变化是生活的正常状态，把变化看成成长的促进力量，不断从各种经历中学习。坚持性是指个体在追求目标时坚定执着，面对困难坚忍不拔的个性特点。内容包括明确目标的意义，坚毅，对待挫折有耐心和恒心，韧而不屈。

表 2–1　中国成年人坚韧人格评定量表

测评须知：本测验共 27 道题，完成时间大约 5 分钟。请您根据日常生活实际情况评定符合程度。
1. 如果目标已确定，即使遇到障碍我也不轻言放弃。 A. 完全不符合　B. 有点符合　C. 符合　D. 完全符合
2. 我愿意放弃安定的生活以获得面对重大挑战的机会。 A. 完全不符合　B. 有点符合　C. 符合　D. 完全符合
3. 在我生命中迎接新情景是件重要的事。 A. 完全不符合　B. 有点符合　C. 符合　D. 完全符合

续表

4. 打破常规会激发我去学习。 A. 完全不符合　B. 有点符合　C. 符合　D. 完全符合
5. 只要有意义，再艰难的事情我也能坚持做下去。 A. 完全不符合　B. 有点符合　C. 符合　D. 完全符合
6. 能够积极努力地做事情确实令我兴奋。 A. 完全不符合　B. 有点符合　C. 符合　D. 完全符合
7. 即使在不顺利的情况下，我仍能保持精神振奋。 A. 完全不符合　B. 有点符合　C. 符合　D. 完全符合
8. 工作和学习会带给我乐趣。 A. 完全不符合　B. 有点符合　C. 符合　D. 完全符合
9. 每当出现问题时，我会尽力找到其根源。 A. 完全不符合　B. 有点符合　C. 符合　D. 完全符合
10. 对工作我总会投入极大热情。 A. 完全不符合　B. 有点符合　C. 符合　D. 完全符合
11. 生活工作中的变化常常令我感到振奋。 A. 完全不符合　B. 有点符合　C. 符合　D. 完全符合
12. 即使很简单的事情我也会做得很投入。 A. 完全不符合　B. 有点符合　C. 符合　D. 完全符合
13. 我不会轻易放弃自己的理想和追求。 A. 完全不符合　B. 有点符合　C. 符合　D. 完全符合
14. 对于决定要做的事，我不怕任何困难。 A. 完全不符合　B. 有点符合　C. 符合　D. 完全符合
15. 面对来自他人的批评，我会保持冷静。 A. 完全不符合　B. 有点符合　C. 符合　D. 完全符合
16. 当有人对我发火时，我会设法使他镇静下来。 A. 完全不符合　B. 有点符合　C. 符合　D. 完全符合
17. 无论遇到多么复杂的问题，我总能很快理清思路。 A. 完全不符合　B. 有点符合　C. 符合　D. 完全符合
18. 忙碌的生活节奏使我感到充实。 A. 完全不符合　B. 有点符合　C. 符合　D. 完全符合
19. 我更喜欢担负重要工作。 A. 完全不符合　B. 有点符合　C. 符合　D. 完全符合
20. 遇到困难时，我总会想方设法寻找解决的办法。 A. 完全不符合　B. 有点符合　C. 符合　D. 完全符合
21. 我喜欢尝试新鲜刺激的事物。 A. 完全不符合　B. 有点符合　C. 符合　D. 完全符合

续表

22. 我常常把生活中遇到的困难看成一种挑战而不是威胁。 A. 完全不符合　　B. 有点符合　　C. 符合　　D. 完全符合
23. 我总能通过自己的努力实现目标。 A. 完全不符合　　B. 有点符合　　C. 符合　　D. 完全符合
24. 只要努力，任何困难都可克服。 A. 完全不符合　　B. 有点符合　　C. 符合　　D. 完全符合
25. 我宁愿做那些富有挑战性和变化的工作。 A. 完全不符合　　B. 有点符合　　C. 符合　　D. 完全符合
26. 面对不利的处境，我会设法扭转局面。 A. 完全不符合　　B. 有点符合　　C. 符合　　D. 完全符合
27. 我几乎每天都期待着投入工作 / 学习。 A. 完全不符合　　B. 有点符合　　C. 符合　　D. 完全符合

4. 积极情绪让你有个坚强的大脑

弗雷德里克森的博士生克里斯琴・沃通过功能性磁共振成像技术以及严谨的试验设计探讨了坚韧的大脑机制。研究人员通过一个简单的视觉线索（一个圆圈或一个三角形）制造一个稍微“恐怖”的令人厌恶的情景，观察受试者随着时间推移大脑的反应。一个线索暗示（三角形）意味着比较恐怖或恶心的画面（比如烧伤者惨不忍睹的脸或者肮脏恶心令人作呕的厕所等画面），另一个线索暗示（圆圈）意味着比较中心的画面（比如电灯开关、桌子等）。一半的时间呈现的是恐怖的画面，一半时间是中性的画面。研究目的是考察具有不同韧性的受试者在预期的消极情绪之前或之后的反应。克里斯琴的研究发现，具有坚韧性格的人，其脑岛表现出从预期的消极情绪中更加快速恢复。脑岛是大脑中连接内外世界的一座“孤岛”，隐藏于大脑皮质最深的一处褶皱中，可以接收我们全身上下细微的感官信息，被视作脑网络中掌管情绪至关重要的脑区。克里斯琴的研究还发现，坚韧测评得分较低的人，在试验中激发出的担忧程度越高，内心越狂乱，认识到自己逃过一劫的速度越慢，而具有坚韧性格的人，表现为更少的担心，也意味着更快的恢复力。

弗雷德里克森及其研究生的几项研究得出的最终结论是：面临威胁时，具有坚韧性格的人担心更少，复原更快；韧性是一种随着时间增长的内在资源，而积极情绪能够推动这一增长。

（王霄一　杜清瀚）

第六节 抑郁与胃肠道疾病

胃肠道疾病主要指一般炎症性胃肠道疾病(比如急性和慢性胃炎，急性和慢性阑尾炎等)、消化性溃疡、食管癌、胃癌、大肠癌以及肠易激综合征等。胃肠道疾病发病率高，在我国有“十人九胃病”的说法。病程较长、治疗较难、反复发作等均是胃肠道疾病的特点，影响患者的身心健康，并且伴随一些不良情绪，其中以抑郁、焦虑居多。究其原因，可能是由于胃肠道是由中枢神经、肠神经和自主神经共同支配的复杂系统，其中任一环节出现异常都会导致胃肠功能的失调而产生疾病。

抑郁症患者的主要临床特征是持续性心境低落，并且共病一些躯体症状，比如，胃肠动力障碍、失眠、人际交往和社会功能较差等，严重影响患者的身心健康，具有高发病率、高致残率和高自杀率等特点。

抑郁症与胃肠疾病的临床诊断都是在各自划定的疾病范围内进行，尚无联合诊断标准，即使对单一的疾病进行多方面检查，虽得到该疾病的确诊结果，但最终的治疗效果不甚满意。究其原因，这是抑郁症共病胃肠疾病的临床诊断标准的缺乏，以及二者之间共同的神经生物学机制尚不清楚所致。

在 2002 年世界胃肠病学大会上，有学者提出“心因性动力病”概念，是从神经胃肠病学角度将与身心疾病相关的情感综合征(比如，抑郁、焦虑、疑心病和应激诱导疾病等)归入胃肠动力性疾病新的分类体系中，再次强调了心理因素在胃肠疾病发病中的作用。

目前的研究表明，抑郁症共病胃肠疾病的机制比较复杂，可能涉及体内多个系统所致的神经生物学通路异常，比如 HPA 轴、5-HT 系统、肠道微生态、炎性细胞因子、脑肠肽等。

本节重点讨论抑郁症共病胃肠疾病共病的神经生物学通路，为共病的临床预防、治疗、进一步共病机制的研究以及兼具抗抑郁作用和治疗胃肠疾病的新药研发提供参考。

一、抑郁症共病胃肠道疾病的机制

1. HPA 轴调节紊乱

应激导致的抑郁症患者，常表现为 HPA 轴功能亢进，下丘脑分泌 CRH 作用于垂体，促使垂体分泌 ACTH 作用于肾上腺，刺激糖皮质激素的持续分泌，不断累积的皮质醇持续作用于海马区的糖皮质激素受体，导致其敏感性降低，使得 HPA 轴的负反馈调节紊乱，昼夜节律改变，引发抑郁等一系列情绪障碍。

HPA 轴负反馈紊乱影响胃肠道功能。功能性胃肠紊乱（functional gastrointestinal disorders，FGIDs）是一组功能性胃肠道疾病的总称，是生理、精神心理和社会因素相互作用而产生的消化系统疾病。FGIDs 患者常具有胃肠道外症状，如呼吸困难、心慌、慢性头痛、肌痛以及精神疾病相关的症状等。精神方面的疾患也常发生 FGIDs，发生率为 42% ～ 61%。FGIDs 患者 HPA 轴对刺激或应激的高反应性，表现为 HPA 轴中的皮质激素或炎性细胞因子水平增加，从而诱发消化道黏膜的低度炎症和免疫应答，导致肠神经系统的重塑，患者因此出现持久的疼痛症状和内脏高敏感状态。HPA 轴兴奋可造成胃肠道小血管痉挛，促使胃黏膜坏死。

抑郁症与胃肠疾病的发生都涉及 HPA 轴调节功能异常，可理解为在这两种疾病的共病中起着"媒介"作用。目前的研究表明，通过改变 HPA 轴上某一环节激素水平使其恢复正常的负反馈调节功能，在两种疾病的转归上均表现出良好的效果。

2. 5-HT 系统功能异常

5-HT 最早是从血清中发现的，又名血清素，广泛存在于哺乳动物组织中，特别在大脑皮质及神经突触内含量很高，主要分布于松果体和下丘脑，是调节神经活动的一种重要的抑制性神经递质，它是一种能产生愉悦情绪的信使，几乎影响大脑活动的每一个方面，比如，痛觉、睡眠和体温等生理功能的调节，以及情绪、精力、记忆力和人生观的塑造等。中枢神经系统中 5-HT 含量及功能异常可能与精神病和偏头痛等多种疾病的发病有关。在外周组织，5-HT 是一种强血管收缩剂和平滑肌收缩刺激剂。

合成的 5-HT 约 90% 分布于肠嗜铬细胞，通常与腺苷三磷酸（adenosine triphosphate，ATP）等物质一起储存于细胞颗粒内。在刺激因素作用下，5-HT 从颗粒内释放、弥散到血液，然后到达相应的组织发挥作用。

5-HT信号通路异常可能涉及5-HT分泌、受体及转运体三方面。5-HT必须通过相应受体的介导才能产生作用。5-HT受体分型复杂，已发现7种5-HT受体亚型。5-HT作用的发挥，与5-HT能神经元及5-HT受体密切相关。5-HT通过激动不同的5-HT受体亚型，发挥不同的作用。

5-HT作为中枢神经系统的重要神经递质，参与大脑的情绪调节。普遍认为抑郁症等精神疾病的发生与5-HT密切相关，5-HT及亚型表达异常是导致抑郁症发病的重要因素。

研究表明，和正常人相比，抑郁症患者脑内5-HT受体数量偏低。选择性5-HT再摄取抑制剂作为目前抗抑郁的主要药物，其抗抑郁作用的发挥主要是通过增加5-HT数量来发挥作用。

HT作为外周神经系统的神经递质，广泛存在于胃肠道，通过结合5-HT特异性受体，调节胃肠活动，与胃肠道疾病密切相关。研究发现，抑郁症患者服用5-HT信号系统抗抑郁药的同时，胃肠道疾病症状得到一定程度的缓解。胃肠动力障碍时5-HT含量会降低，而增加5-HT含量可以明显改善胃肠功能。

3. 炎症 / 抗炎症平衡失调

大量的研究证实，炎性细胞因子浸润在胃肠疾病的发生中发挥重要作用，可导致FGIDs、肠易激综合征（irritable bowel syndrome，IBS）、胃炎、胃溃疡、急性肠炎、炎症性肠病等多种疾病。部分胃肠疾病的主要组织学改变表现为消化道免疫细胞浸润，其释放的炎性介质可能导致胃肠动力的改变。

近年来，抑郁症的“炎症细胞因子假说”得到了较为广泛认可，该假说认为抑郁症是一种神经心理免疫紊乱性障碍。大量研究显示，免疫系统激活所致促炎性细胞因子分泌的增多可能与抑郁症的发生和发展有关。一些炎症细胞因子通过单胺类系统、HPA轴以及影响神经可塑性等方面引起抑郁的发生。相关的细胞因子主要包括一些中枢促炎因子，比如IL-1β、IL-6、IFN-α、TNF-α等表达上调，而在应用抗抑郁药物后机体抗炎因子IL-4、IL-8、和IL-10表达上调。

4. 脑肠肽分泌异常

很长时间以来，胃肠道一直被认为是由中枢神经系统控制的器官。随着神经胃肠病学的不断发展，逐渐发现在胃肠道和中枢神经系统中存在的神经干，包括迷走神经、内脏神经以及骶神经，在消化道功能的调节中具有传入和传出双重功能，在大脑和肠道之间起着连接作用，这种脑肠之间的相互联系，称为脑肠轴。脑肠轴是肠和脑之间的信息交流系统，由免疫、迷走神经和神经内分泌途径构成，是联系认知情感中枢与神经内分泌、肠神经系统和免疫系统的双向环路。一方面，外在刺激和内在信息通过肠神经链与高级神经中枢相连影响胃肠感觉、动力和分泌等；另一方面，胃肠道功能反应性激活反过来作用于中枢的情感、情绪和行为，表现为胃肠道症状对心理状态有反作用。这可能也是脑肠轴在抑郁症和胃肠疾病的发生和发展中的作用日益得到重视的原因。

5. 肠道菌群失调

人的胃肠道内寄居着种类繁多的微生物，称为肠道菌群。肠道菌群按一定的比例组合，各菌群间相互依存和制约，在质和量上保持平衡关系。一旦机体内外环境发生变化，特别是长期应用广谱抗生素，导致敏感肠道菌群被抑制，非敏感肠道细菌大量繁殖，从而引起菌群失调，引起相应的临床症状，比如呕吐、腹泻、腹痛以及精神不集中等，称为肠道菌群失调症。

肠道菌群失调除了引起消化系统的疾病外，可能还通过脑肠轴、微生物－胃肠－脑轴影响大脑，导致抑郁等精神症状的出现，这称为精神障碍的“脑肠轴”机制，中医讲“忧思伤脾胃”，大概与之同出一辙。

肠道因为参与脑肠轴、脑－肠－微生物轴的调节，被认为是人的“第二大脑”。脑肠轴指的是一种将脑和肠道之间的神经、激素和免疫信号，整合在一起的通信系统。脑肠轴系中枢神经和肠道神经之间的双向通信系统。脑－肠－微生物轴指的是脑、肠和肠道微生态，在神经解剖学及功能方面，构建了一条双向交通的通路，也称为微生物－脑－肠轴，通过神经、内分泌、免疫系统控制脑功能和肠道功能。有研究表明，抑郁症患者的肠道菌群中，拟杆菌门、变形菌门和梭杆菌门高于健康人群，而乳酸菌和双歧杆菌低于健康人群。

肠道被称为“第二大脑”，第二个方面是因为其具有一定自主性。肠道具有脱离大脑控制的、自主性的神经系统。肠道是脱离了大脑的控制仍能正常运作的脏器。肠道共有一亿多个细胞，同时分布着大量的神经系统，控制着人体下意识的活动。另外，肠道中还可以分泌大量的激素，影响着人类的心理和生理健康。

肠道菌群大概通过两种方式影响情绪。首先，肠道菌群影响大脑中信息传递的关键物质神经递质的合成，比如，肠道菌群可以影响 5–HT 的合成，而 5–HT

是一种与情绪和幸福感有关的神经递质，肠道菌群失调，可能会导致 5-HT 合成不足，从而引发抑郁症状。其次，肠道菌群还可以影响免疫系统的功能。如上所述，抑郁症患者往往存在炎症 / 抗炎症系统功能紊乱等免疫系统失调的问题，肠道菌群失衡可能会加剧免疫系统对大脑的影响，增加抑郁症的风险。

二、抑郁症共病胃肠道疾病的应对

抑郁症引起的胃部疾病比较难以治疗，需要在医生的指导下针对抑郁症本身以及针对胃肠功能紊乱进行治疗。首先要使用针对抑郁情绪本身的药物，配合针对胃部症状的药物治疗，还需要结合心理调节、生活方式调节等多方面进行综合处理，必要时需要消化内科和心理科等多学科综合讨论治疗方案。

1. 共病的药物治疗

药物主要包括针对抑郁症本身和针对胃肠功能紊乱进行治疗。患者可在医生的指导下使用抗抑郁药物进行治疗，常用的药物有氢溴酸西酞普兰片、盐酸氟西汀分散片、盐酸文拉法辛胶囊等，这些药物可以改善抑郁症的症状，从而解决病因，缓解抑郁症引起的胃肠功能紊乱。患者也可以在医生的指导下，通过针对胃肠功能紊乱的症状进行对症治疗来缓解症状，常用的药物有促胃动力药物如多潘立酮片、枸橼酸莫沙必利胶囊等，以及抑酸药物如注射用奥美拉唑钠、盐酸雷尼替丁胶囊等。另外，联合双歧杆菌三联活菌胶囊、盐酸洛哌丁胺胶囊等药物也可作为治疗的选择。

2. 改善肠道菌群

鉴于肠道菌群与抑郁症的关系，研究人员一直在探索肠道菌群在抑郁症治疗中的应用，其中最具代表性的是益生菌疗法。益生菌是对宿主有益的活性微生物。研究表明，一些特定的益生菌，如乳酸杆菌和双歧杆菌，可以改善肠道菌群平衡，减少炎症和应激反应，促进肠道健康，从而减轻抑郁症的症状。另外，很多食物，也能起到抗炎症和抗氧化以及调整肠道菌群的作用。例如，增加膳食纤维和健康脂肪的摄入，以及减少糖分和高脂肪食物的摄入，都有助于改善肠道菌群平衡，从而缓解抑郁症状。

3. 努力为生活减压

我们的身体面临压力的第一反应就是促使血液从消化系统转向主要的肌肉群，肠胃可能会快速清空内部物质，使身体做好迅速反应的准备。很多经历过压力、焦虑和紧张的人胃肠道反应明显，比如胃痛、恶心、呕吐和腹泻等症状，医生通常称这种情况为“紧张的胃”。长期的阶段性压力和慢性压力与多种消化系统疾病紧密相关，比如应激性大肠综合征、大肠炎、胃肠道溃疡和慢性腹泻等。

压力有多种分类方法，按照对身体影响的时间长短分为急性压力、阶段性压力和慢性压力，按照其来源可分为身体压力、大脑压力、情绪压力和精神压力等。压力因素来源广泛，种类繁多，压力的管理也是一项系统性工程。前面已经介绍了部分压力管理的基本方法和步骤，这里再介绍一些压力管理的一些基本原则。

压力管理一般遵循五大原则，分别是认识压力、找出压力来源、制订合理目标和计划、学会放松和调节以及保持积极心态。

认识压力是压力管理的第一步。我们要明确认识到压力是一种自然反应，机体对压力有一种天生的吸收－缓冲机制，是身体和心理对外界环境的适应机制。压力并非完全的坏事，一般的生活压力会被身体转化成活力与激情，适度的压力能够激发我们的潜能，提高工作效率和生活质量。但当压力超过我们的承受能力时，就会对身心健康产生负面影响。

要想有效管理压力，需要找出压力的源头。有些压力源是外部的，比如工作压力、人际关系等，有些压力源是内部的，比如自我要求过高、焦虑等。有些压力属于躯体压力（比如长期慢性的心脑血管疾病、肿瘤等），有些压力属于精神因素（比如紧张、焦虑和抑郁等）。通过梳理和分析，我们可以更清楚地知道哪些因素导致了压力的产生，从而有针对性地解决问题。另外，我们需要知道，躯体与精神两种压力有相关联系，躯体压力大，精神压力也会慢慢增大，反之亦然，通过放松来释放躯体压力，精神的压力也在释放。

在认识压力源的基础上，我们需要制订合理的目标和计划。合理的目标能够帮助我们更好地分配精力和资源，避免因追求完美而给自己带来过大的压力。制订计划可以让我们有条不紊地完成任务，减少工作负荷和焦虑感。

学习和掌握处理压力的技术。管理好压力有很多可操作的好方法，放松和调节是有效管理压力的重要手段。我们可以通过多种方式来放松身心，如运动、听音乐、冥想等。培养良好的生活习惯和兴趣爱好也能够帮助我们缓解压力。另外，积极与他人沟通、交流和寻求支持也是有效的调节方式。

保持积极心态，即保持正确的应对观念和正能量对于压力管理至关重要。良好的心态可增强人们应对压力的能力，不良的心态本身就像一团乱麻，干扰人的内心。当然，更主要的是要对压力有正确的观念。压力并不可怕，可怕的是对压力有不恰当的观念与反应。

（俞宏斌　顾梦简）

第三章 情绪管理理论

第一节 情绪的基本理论

“先有鸡还是先有蛋”这个问题由来已久，也曾在历史上掀起一阵生物进化问题浪潮。根据生物进化的理论，陆地上的动物都是由海洋动物到两栖动物一步步进化来的，在这个进化过程中，不同的动物进化出了不同的生育方式和生活习性，有的动物是哺乳胎生（例如猴子、牛等），有的就逐渐进化成卵生（例如恐龙、鳄鱼、海龟、家禽等）。

与“鸡和蛋”的问题类似的就是我们的情绪是如何产生的问题。比如“因为难过所以哭泣，因为害怕所以逃跑”还是“因为哭泣所以难过，因为逃跑所以害怕”，此类关于情绪如何产生的问题也是心理学家们一直在思考和研究的问题。

关于情绪变化的理论，也是经历了漫长时间的发展。情绪的早期理论，以詹姆斯－兰格和坎龙－巴德为代表，强调心理变化对情绪产生的作用。经过一段时间的发展，心理学家们发现认知在情绪中的重要性，逐渐提出了情绪的认知理论，主要包括阿诺德的评定－兴奋学说、沙赫特－辛格的情绪理论、拉扎勒斯的认知－评价理论。随着对情绪问题研究的逐渐深入，心理学家们认为每种情绪都自成体系，可能存在相对独立的系统，逐渐形成了动机－分化理论。本节重点讨论这些基本情绪理论的内涵及特点。

一、詹姆斯－兰格理论

詹姆斯（Willian James）－兰格（Carl Lange）理论是比较早期的情绪理论，由美国心理学家詹姆斯和丹麦生理学家兰格分别于 1884 年和 1885 年提出的内容几乎一致的一种情绪理论。他们强调情绪的产生是植物性神经活动的产物，后人称它为情绪的外周理论。

詹姆斯认为，情绪的发生是因为刺激引起的植物性神经系统的活动，以及由此产生的一系列机体生理功能的变化，情绪就是对身体变化的知觉。当一个情绪刺激物作用于我们的感官时，立刻会引起身体上的某种变化，激起神经冲动，传至中枢神经系统而产生情绪。比如，当一个人看到一只狗（外界刺激），机体立即产生害怕、心跳、脸红、冒冷汗和逃跑等生理反应（身体反应），引起生理性变化，身体觉知到变化（对身体反应的觉知），进而引起恐惧情绪的产生（情绪相关的体验）。在詹姆斯看来，是先有机体的生理变化，而后才有情绪，即悲伤由哭泣引起，恐惧由战栗引起。

兰格认为，情绪是内脏活动的结果。他特别强调情绪与血管变化的关系。兰格以饮酒和药物为例来说明情绪变化的原因。酒和某些药物都是引起情绪变化的因素，它们之所以能够引起情绪变化，是因为饮酒、用药都能引起血管的活动，而血管的活动是受植物性神经系统控制的。植物性神经系统支配作用加强，血管舒张，就产生了愉快的情绪，而植物性神经系统活动减弱，血管收缩或器官痉挛，就产生了恐惧。因此，情绪决定血管受神经支配的状态、血管容积的改变以及对它的意识。

詹姆斯－兰格理论看到了情绪与机体变化的直接关系，强调了植物性神经系统在情绪产生中的作用。詹姆斯认为情绪是对身体变化的知觉，悲伤由哭泣引起，愤怒由打斗而致。兰格认为情绪是内脏活动的结果，强调情绪与血管变化的关系。两人都强调刺激引起身体的生理反应，生理反应进一步导致情绪理论的产生。詹姆斯－兰格理论有其合理的一面，不过，该理论片面强调植物性神经系统的作用，忽视了中枢神经系统的调节和控制作用，因而引起了很多的争议。美国生理学家坎农第一个公开反对詹姆斯－兰格理论，并提出了自己的理论。

二、坎农－巴德理论

坎农和巴德对詹姆斯－兰格理论提出了 3 点疑问：①机体上的生理变化，在各种情绪状态下，并无明显差异，根据生理变化很难分辨各种不同的情绪；②受自主神经支配的机体的生理变化是缓慢的，而情绪却可以迅速变化，因此不足以说明瞬息变化的事实；③机体的生理变化可以由药物引起，但药物（比如肾上腺）只能使生理状态激活，而不能产生某种情绪，即情绪变化不会直接由药物引起。也就是说，用生理变化来说明情绪的产生是不适宜的。结合自己的研究，坎农和巴德提出情绪的中心不在外周神经系统，而在中枢神经系统的丘脑。

坎农－巴德情绪理论也称“丘脑情绪说”，提出者是美国生理学家沃尔特·坎农，后来得到其弟子菲利普·巴德的支持和扩充，因此称为“坎农－巴德情绪理论”。坎龙认为情绪是大脑皮质和自主神经系统共同激活的结果，情绪体验和生理反应是同时发生的。外界刺激引起感觉器官产生神经冲动，通过内脏神经，将神经冲动由丘脑进行信息加工后，再由丘脑同时向上（大脑皮质）、向下（机体内脏及其他部分）发出神经冲动，传送到大脑皮质的信息产生情绪体验，传送到内脏和骨骼肌激活生理反应，使得个体的生理进入应激状态，即情绪体验和生理反应同时发生，且都受到丘脑控制。

举个例子，某人遇到一只熊，由视觉感官引起的冲动（刺激）经内导神经传至丘脑处，在丘脑处更换神经元后，同时发出两种冲动，一是经体干神经系统和自主神经系统达到骨骼肌和内脏，引起生理应激状态。二是传至大脑，使该人意识到熊的出现。此时该人的大脑中可能出现两种意识活动，一是认为熊作为驯养动物并不可怕，因此大脑即将神经冲动传至丘脑，并转而控制自主神经系统的活动，使活动状态受到控制。二是认为熊是可怕的，大脑解除对丘脑的抑制，使自主神经系统活跃起来，加强身体的应激生理反应，并采取逃跑的行动，产生了恐惧，随着逃跑的生理变化的加剧，恐惧的情绪也会加强。坎农和巴德进一步通过实验研究证明，动物的下丘脑被摘除以后，情绪会变得支离破碎，丘脑受损，情绪会容易激动。

坎农－巴德情绪理论重视情绪中枢生理机制的研究，比詹姆斯－朗格理论前进了一步，但该理论似乎忽视了大脑皮质对情绪的作用以及外周神经系统对情绪的意义，并且没有意识到认知因素在情绪中的调节和控制作用。事实上，丘脑、下丘脑、边缘系统和网状结构等广泛区域对情绪的影响，大脑皮质在情绪产生中的决定性作用，在此后的研究中得到了更多的证实，情绪唤醒的认知模型越来越广泛地被接受。图 3–1 概述了两种早期的情绪认知理论之间的差别。

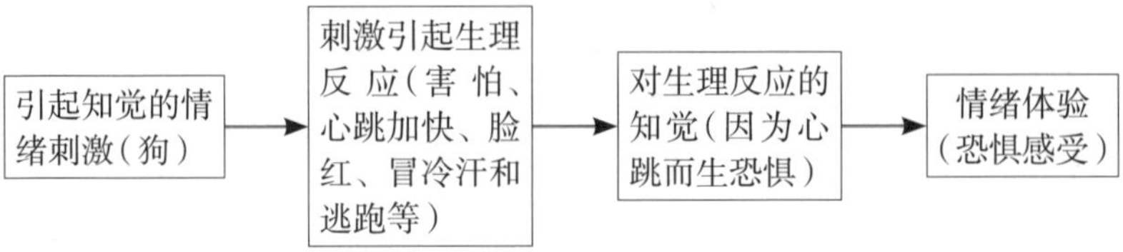

A：詹姆斯－兰格理论

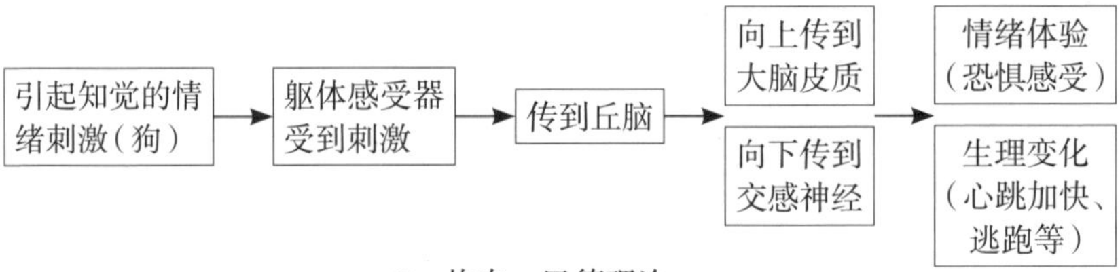

B：坎农－巴德理论

图 3–1　两种早期的情绪认知理论的比较

三、情绪认知理论

詹姆斯－兰格情绪理论和坎农－巴德情绪理论都属于相对早期的情绪理论，这两个理论存在一定的局限性。因为现实生活中的一些现象没有办法通过这两个理论进行解释。比如，在三个不同的时间或情境下偶遇一位很久未见的同事或朋友：第一次见面你会笑脸相迎，交谈甚欢；第二次偶遇，老远就看见了，却扭头转向了另一条道，有意回避；第三次偶遇，对方主动打招呼，你却心不在焉地挥挥手，没说一句话就走了。这种情况涉及认知相关领域，需要用认知相关的理论来解释。近期的情绪相关理论包括情绪的认知理论和情绪的动机分化理论。

1. 阿诺德的评定－兴奋说

美国心理学家阿诺德在 20 世纪 50 年代提出了情绪的评定－兴奋学说。该理论认为，刺激性情景并不直接决定情绪的性质，从刺激出现到情绪的产生，要经过对刺激的估量和评价，情绪产生的基本过程是刺激情景——评估——情绪。同一刺激情景，由于对它的评估不同，就会产生不同的情绪反应。评估的结果可能认为对个体“有利”“有害”或“无关”。如果是“有利”，就会引起肯定的情绪体验，并企图接近刺激物。如果是“有害”，就会引起否定的情绪体验，并企图躲避刺激物。如果是“无关”，则可能会忽视。

阿诺德认为，情绪的产生是大脑皮质和皮下组织协同活动的结果，大脑皮质的兴奋是情绪行为的最重要的条件。

阿诺德提出情绪产生的理论模式是：作为引起情绪的外界刺激作用于感受器，产生神经冲动，通过内导神经上送至丘脑，在更换神经元后，再送到大脑皮质，在大脑皮质上刺激情景得到评估，形成一种特殊的态度（如恐惧及逃避、愤怒及攻击等）。这种态度通过外导神经将皮质的冲动传至丘脑的交感神经，将兴奋发送到血管和内脏，所产生的变化使其获得感觉。这种从外周来的反馈信息，在大脑皮质中被估价，使纯粹的认识经验转化为被感受到的情绪，这就是“评定－兴奋学说”。

阿诺德的情绪评定－兴奋学说涉及两个方面的内容，一是评定方面的内容，二是兴奋方面的内容。阿诺德情绪的评定是一种基于认知理论的衡量情绪的方法。阿诺德认为：情绪是一种主观的体验，受到个人的认知过程和社会环境的影响；可以通过衡量情绪强度和情绪持续时间更准确地评估一个人的情绪状态，从而更好地了解其心理状态；情绪强度可以通过衡量身体反应来评估，例如心率、血压、呼吸等，而情绪持续时间可以通过观察情绪的持续时间来评估。阿诺德情绪的兴奋学说是一种激励理论。阿诺德认为：人们的行为受到由外部刺激引起的情绪的激励；情绪是行为的激励因素，而外部刺激是情绪的原因；情绪可以通过外部刺激来调节行为，从而影响人们的行为。

2. 沙赫特－辛格的情绪理论

20 世纪 60 年代初，沙赫特－辛格提出了“沙赫特－辛格情绪理论”，又称情绪的“三因素理论”和“认知－生理结合学说”。该理论认为影响情绪的因素有 3 个：一是高度唤醒的生理状态，二是对生理状态进行的认知比较，三是环境因素。该理论认为，任何一种情绪的产生都不是由单一因素决定的，而是由环境因素、生理因素和认知因素共同决定的。任何情绪的产生都同自主神经系统的神经激活相联系，但只有这种联系是不够的，只有在引起情绪的刺激和对这一情境的认知同神经唤醒相结合时才产生情绪。因此，三因素理论又被称为认知－激活理论。

在决定情绪的 3 种因素中，生理激活决定情绪的强度，认知决定情绪的性质，而情境刺激则是产生情绪体验的客观条件。在情绪试验中，被试者处于相同的生理唤醒状态并接受相同的环境刺激，却产生完全不同的情绪反应，这是因为被试者对生理反应的认知解释不同，产生的情绪体验也不同。认知因素在三因素中起主导作用，情绪情感是通过认知过程的折射而产生的。认知折射指人在过去经验中所形成的愿望、需求、预期、经验等内部心理结构对当前环境刺激的评估和判断。当符合自己的需要时就产生肯定的情绪情感，否则就产生否定的情绪情感。

沙赫特和辛格通过一项非常著名的试验来证明理论假说。研究人员给试验对象注射一种药物，告诉他们是一种复合维生素，目的是测定这种新药对视力的影响。但实际上注射的是肾上腺素和食盐水。肾上腺素是一种能引起心跳加快、血压升高、手发抖、脸发热等反应的药物。试验对象被分为三组，分别为正确告知组（组 1）、错误告知组（组 2）和无告知组（组 3），分别给予不同的指示语。组 1 的对象被告知注射的药会导致心跳加快、手发抖、脸发热等反应。组 2 的对象被告知注射的药可能无感觉，也可能会出现发麻、发痒、头痛等。组 3 的对象什么也没被告知。注射食盐水的所有被试都列为无告知组。然后，人为地安排了两种实验情境：一种是欣快的环境，一种是愤怒的环境。所谓欣快的环境，是由受过训练的助手与试验对象一起唱歌、玩耍和跳舞，被试以为助手也接受同样的注射。所谓愤怒的环境，是主试的助手当着试验对象的面对主试要他填写的调查表表示极大的愤怒，不断咒骂、斥责并把调查表撕得粉碎。实验后，主试询问试验对象当时的内心体验。结果表明，组 2 的对象反应最容易受助手的情绪所感染，而组 1 对象的反应不容易受环境气氛的影响，组 3 对象的反应则介于上述两组之间。同样，他们对愤怒的环境的反应也是一样的。该实验说明，注射肾上腺素虽然引起了典型的情绪唤醒状态，但其单独作用不能引起人的情绪；环境因素也不能单独决定人的情绪；认知对人的情绪的产生起着决定性的作用；情绪是认知因素和生理唤醒状态两者交互作用的产物。实际上，在上述实验中，认知对情绪可能有三种作用，即对情绪刺激的评价和解释，对引起唤醒原因的认知分析，对情绪的命名以及对所命名情绪的再评价。

3. 拉扎勒斯的认知 – 评价理论

情绪认知 – 评价理论是美国心理学家拉扎勒斯提出的一种情绪理论。该理论与阿诺德的评定 – 兴奋说一致，或者也可以认为是阿诺德的评定 – 兴奋说的延伸，因此通常将两个人的理论归结为阿诺德 – 拉扎勒斯的情绪认知 – 评价理论。

该理论认为情绪是人和环境相互作用的产物，在情绪活动中，人不仅接受环境中的刺激事件对自己的影响，同时要调节自己对于刺激的反应。情绪活动必须有认知活动的指导，只有这样，人们才可以了解环境中刺激事件的意义，才可能选择适当的、有价值的动作组合，即动作反应。情绪是个体对环境事件知觉到有害或有益的反应。在情绪活动中，人们需要不断地评价刺激事件与自身的关系。具体来讲，有三个层次的评价，即初评价、次评价和再评价。初评价是指人确认刺激事件与自己是否有利害关系，以及这种关系的程度。次评价是指人对自己反应行为的调节和控制，它主要涉及人们能否控制刺激事件，以及控制的程度，也就是一种控制判断。再评价是指人对自己的情绪和行为反应的有效性和适宜性的评价，实际上是一种反馈性行为。

四、汤姆金斯和伊扎德的动机－分化理论

动机－分化理论是由心理学家汤姆金斯和伊扎德共同提出的。在讲述该理论之前，先讲讲精神分析学派弗洛伊德的情绪理论。

弗洛伊德提出，人有客观性焦虑、神经症焦虑和道德焦虑这三种焦虑，它们分别代表自我在对待现实、本我、超我对个人所提出的要求时采取的软弱态度。客观性焦虑源于人的“诞生创伤”，新生儿诞生时被来自新环境的大量刺激所淹没，是一种原发性的焦虑，它是以后个人生活中继发的焦虑反应的原型。当一个人面临一种创伤的可能性时，就会有一种与诞生创伤相联系的情绪的复现。例如人在焦虑时出现的紧张急促的呼吸、肌肉的颤抖、加快的心跳等特征都是模拟和重复新生儿的情绪特征。神经症焦虑产生于害怕自己的本能行为的客观后果，害怕从事被禁止行为所产生的社会后果。神经症焦虑有两种形式，一是“自由漂浮”式焦虑，指个人不断地预料会有最坏的结果，把偶然的事件看成厄运的先兆，特别害怕模棱两可的情境。二是“特定恐怖”式焦虑，其范围有限，由特定的对象与情境（如打雷、疾病等）引起。道德焦虑来源于超我，而超我形成于童年时期父母的教诲和约束。害怕失去父母的爱和受到惩罚是产生道德焦虑的根源。神经症焦虑和道德焦虑能导致压抑，压抑本能的冲动以对付焦虑。

动机－分化理论对弗洛伊德把本能当作动机的基本来源的观点提出了批评，认为情绪是比本能更强有力的驱动因素。人可以在没有本能信号的情况下被各种情绪激活，诸如快乐和悲伤、愤怒和恐惧、惊奇和羞愧，这些情绪都足以使人做出某种行动，因为情绪可以调动有机体的生物化学能量，一方面使有机体处于高

度唤醒的激活状态，另一方面为有机体的行为准备充足的能量。情绪信号比本能具有更为普遍的意义，可以单独发挥动机的作用。情绪的价值在于它能够扩大、加强或缩小、减弱生物需要的信息，保证对环境信息做出及时的反应，激起有机体活力去应对变化多端的生存环境。

动机－分化情绪理论以情绪为核心，以人格结构为基础，解释了情绪的性质与功能。依扎德认为人格系统的组成部分分为体内平衡系统、内驱力系统、情绪系统（核心动力）、直觉系统、认知系统、动作系统；认知过程引起比较和辨别活动，是知识的学习、记忆、符号操作、思维和言语的过程；情绪具有动力性，它组织并驱动认知与行为，为认知和行为提供活动线索；情绪包含着神经生理、神经肌肉的表情行为和感情体验三个子系统；情感体验是情绪系统与人格的其他系统相互作用的主要成分，对形成系统间的稳定和特定的联结有重要作用。

（谢翠娟　徐寒冰）

第二节 情绪管理 ABC 理论

情绪管理 ABC 理论，又称情绪管理 ABCDE 理论，是由美国心理学家埃利斯创建的用于情绪管理的一套理论体系。ABCDE 分别为 5 个英文单词（activating、beliefs、consequences、disputing、effects）的首字母。其中，A 指的是诱发事件或者不幸（activating events），B 指的是个体对诱发事件的评价、解释、看法（beliefs），C 指的是个体情绪和行为的结果（consequences），D 指的是同不合理的信念辩论（disputing），E 指的是指通过沟通和辩论产生积极的情绪和行为（effects）。埃利斯认为，激发事件 A 只是引发情绪和行为后果 C 的间接原因，而引起 C 的直接原因则是个体对激发事件 A 的认知和评价而产生的信念 B，即人的消极情绪和行为障碍结果 C，不是由于某一激发事件 A 直接引发的，而是由于经受这一事件的个体对该事件不正确的认知和评价所产生的错误信念 B（非理性信念）直接引起的。该理论的出现使得解决某些情绪相关问题的思路变得相对简单。

该理论阐述了诱发事件和事件结果之间的关系，认为事件诱发结果的过程中人们对事件的信念发挥了作用，提出了用辩论的方式以及理性的观念处理情绪相关问题。该理论的核心是打破了我们传统看待事物之间关系的一些基本理论，比如弗洛伊德的自我、本我和超我人格理论、阿德勒的自卑与超越理论、埃里克森的人格发展八阶段理论以及马斯洛的层次需求理论。这些理论都会将导致某结局事件 C 发生的原因归结到过去，即认为 A 是导致发生的具有因果关系的直接原因。

本节重点从概念层面探讨该理论的深刻内涵，该理论的应用将在第四章介绍。

一、情绪的表现

情绪与情感是人对客观事物是否符合主观需要而产生的心理体验，是伴随特定生理反应与外部表现的一种心理过程。中医将情绪的表现分为喜、怒、忧、思、悲、恐、惊七种形式。心主喜，过喜则伤心。人逢喜事精神爽，但经常有人因为过于兴奋导致心脏病发作。肝主怒，过怒则伤肝。人们都有这样的体验，非常生气时，左右两侧胁肋也会隐隐作痛，这就是怒伤肝的表现。肺主悲和忧，过悲、过忧则伤肺。脾主思，思虑过度则伤脾。肾主惊，人受到过度惊吓会影响肾的生理功能。根据情绪形成与发展的先后可分为基本情绪和社会情绪。愤怒、悲伤、喜悦（快乐）和恐惧是人类四种基本的情绪，是与生俱来的几种情绪。社会情绪（social emotion）是指伴随个体整个社会心理过程产生的主观心理体验和心理感受，是个体在长期社会交往中所体验到和表达着的情绪。根据情绪发生的强度、持续性和紧张度，情绪可分为心境、激情与应激三种状态。

情绪可以通过面部表情、肢体语言、声音和生理变化等表现出来。很多人喜、怒、哀、乐都写在脸上，正所谓出门看天气，进门看脸色。愤怒的人往往用拳头说话。音调的高低、语速的快慢能反映一个人是愤怒还是兴奋、是焦虑还是平静。有些情绪或感受，别人看不出来，但是可以通过一些测量工具（比如生物反馈仪、心率、皮肤电生理等）进行甄别。美国生理学家艾尔马曾经做过一项实验，将人在不同情绪状态下呼出的气体收集在玻璃试管中，冷却后变成水后发现：在心平气和状态下呼出的气体冷却成水后，水是澄清透明的；在悲伤状态下呼出的气体冷却成水后，水中有白色沉淀；在愤怒、生气状态下呼出的气体冷却成水后，将其注射到大白鼠身上，几分钟后大白鼠死亡。这说明人处于不良情绪时，比如生气时生理反应非常强烈，同时会分泌出毒性物质，而积极的心态则会分泌出激活性物质，使人更好地发挥自己的潜能。

二、情绪的七种特性

天津市精神卫生中心临床心理科主任兼司法鉴定中心主任陈清刚在新华网举办的“健康大讲堂”讲座中讲道：人类主要有生理需要、安全需要、爱和归属的需要及自我价值实现的需要等。如果需要得到满足，就会产生正性情绪。如果需要没有得到满足，就会产生负性情绪。陈清刚主任总结了情绪七个方面的特征：①指向性，正性情绪指需要得到满足，负性情绪指的是需要没有得到满足。②两极性，指的是情绪有高兴、愉快，也会有愤怒和悲伤。③动力性，情绪对行为和认知是具有动力性的，在日常生活中，当一个孩子受到表扬之后动力十足，干什么都特别有干劲，这是情绪的动力性在起作用。④宣泄性，情绪可以通过生理和心理方式表达。心理表达方式主要是将情绪迁怒于别人，跟别人发脾气。生理表达是当我们有负面情绪的时候，压抑在心里，以身体症状表示，比如生气或者情绪低落的时候吃不下东西等。⑤过程性，无论是多么高兴或者悲伤的情绪，经历一个过程或一段时间后就会衰减下来。⑥非理性，生活中经常有理智被情感冲破表现为非理性的现象。⑦转换性，情绪之间可以互相转换，情绪和行为之间也可以进行转换，比如，喜极而泣，破涕为笑就是情绪转换的特征。当你有高兴的事情，就更容易对别人友善，也更容易答应别人的要求，你有一些不高兴的事情，更容易迁怒于别人，冲别人发脾气。

三、积极情绪与消极情绪

在第一章情绪的分类中已经分章节介绍了积极情绪与消极情绪的力量。积极情绪一般是指正性的、积极的情绪或具有正效价的情绪。情绪的认知理论则认为“积极情绪就是在目标实现过程中取得进步或得到他人积极评价时所产生的感受”。积极情绪是对有机体起振奋作用，对人体的生命活动起极好作用的一种情绪，它能为人们的神经系统增添新的力量，能充分发挥有机体的潜能，提高脑力和体力劳动的效率和耐久力。积极情绪往往由责任感、事业心、期望、奋斗目标和荣誉感等刺激而产生，这些要素既是积极情绪产生的因素，又是维持积极情绪的因素。积极情绪可使血液中肾上腺素增加，而这种激素是动员有机体力量的原动机，从而使奋斗者更有力量去达到自己的目的，积极情绪是保持心理健康的重要条件与标志。

消极情绪，是指在某种具体行为中，由外因或内因影响而产生的不利于继续完成工作或者正常思考的情感，其与积极情绪相对应。消极情绪包括忧愁、悲伤、愤怒、紧张、焦虑、痛苦、恐惧、憎恨等。消极情绪的产生是因人因时因事而异的，产生的原因主要包括：①对“应激源”产生的反应；②工作、学习或生活中遭受了挫折；③受到了他人的挖苦或讽刺；④莫名其妙的情绪低落等。

从后果上看，凡是对人的行为起到促进和增力作用的情绪就是积极情绪，而对人的行为具有削弱和减力作用的情绪就是消极情绪。在现实生活中，我们既要保持积极情绪，又要积极面对消极情绪。生活经验告诉我们正确对待消极情绪，有利于使其转化为积极情绪。电影《头脑特工队》里的忧忧经常感到绝望，认为自己一无是处，只会给主人带来麻烦，而好朋友乐乐经常保持着积极情绪，努力把快乐传递给他人，遇到困难与问题都能以快乐和自信的姿态去面对。后来，忧忧在乐乐的帮助下，受到乐乐积极情绪的感染，并从中汲取前进的动力，逐渐化忧为乐，最后一起为主人找回了丢失的幸福与快乐。由此可见，积极情绪与消极情绪是相互作用的关系。

四、测测你的情绪

积极情感 / 消极情感量表（positive affectand negative affect scale，PANAS），目前较常被使用的版本是 Watson，Clark & Tellegen 等于 1988 提出的（表 3–1），可用于测量个体面对某种情境时，所衍生的情绪反应是较为正向，抑或较为负向。PANAS 量表分为两个部分，包含积极情感层面与消极情感层面的情绪描述词，各个层面均由 10 个名词组成。采用五级量表评分方法："1" 表示极少或根本没有；"2" 表示非常少；"3" 表示中等；"4" 表示相当多；"5" 表示极多。将受试者感受、反应及认同程度作为评定指标，采用五点量表计分方法。其标准为："1" 表示极少或根本没有；"2" 表示非常少；"3" 表示中等；"4" 表示相当多；"5" 表示极多。

表 3–1　积极情感 / 消极情感量表（PANAS）

积极情感（positive affect）	消极情感（negative affect）
1. 感兴趣的（interested）	11. 苦恼的（distressed）
2. 兴奋的（excited）	12. 心烦的（upset）
3. 坚强的（strong）	13. 内疚的（guilty）
4. 热情的（enthusiastic）	14. 恐惧的（scared）
5. 自豪的（proud）	15. 敌意的（hostile）
6. 警觉的（alert）	16. 烦躁的（irritable）
7. 激动的（inspired）	17. 羞愧的（ashamed）
8. 坚决的（determined）	18. 紧张的（nervous）
9. 专心的（attentive）	19. 焦虑的（jittery）
10. 活跃的（active）	20. 害怕的（afraid）

五、理性思维和非理性思维

理性思维是一种有明确的思维方向，有充分的思维依据，能对事物或问题进行观察、比较、分析、综合、抽象与概括的一种思维，即理性思维是一种建立在证据和逻辑推理基础上的思维方式。理性思维是人类思维的高级形式，是人们把握客观事物本质和规律的能动活动。具有理性思维的人的主要特点包括：①思维建立在实际经验的基础上；②能够正确认识事物；③不要求但更愿意事情按照自己的希望发展；④不诅咒自己、他人和生活；⑤抗挫折能力强，具有健康的合理情绪。

非理性思维，就是人们通过直觉、意志、欲望、本能等，认识和把握世界规律的思维方式。具有非理性思维的人的主要特点包括以下方面：①常用简单的二分法（非此即彼、黑白分明）看待事物，习惯于对事物得出一个确定的结论（是或非，对或错，好或坏），要么全部接受、要么全盘否定事物。②夸大事实，常把事情往坏处想并且将其灾难化，把一次失败看成一场灾难，一个细微的外部刺激也会引起他许多极端的想法，带来强烈的情绪反应，常常表现为不自信，自主性较差，受暗示性强。③无端否定自己，不合理地否定自己的积极经历、事迹或素质，即使在学习和工作中取得了好成绩，但并未能增强信心，认为只是运气或偶然。④善于情绪推理，常常凭借自己强烈的主观感受（实际上是相信）就认为某件事情合乎现实，无视或轻视反面的证据。例如，一个人通过自己良好的生活方式达到了某些生理指标的正常化，因为还有一些指标没有达标，仍然认为自己是个失败者，而无视自己努力取得的成果，并可能将情绪推理扩展到对自己生活中的每一件事上，都认定是失败。⑤善于贴标签，在评价外界事物时，不是根据实际情况具体分析，而是靠内心的刻板印象（成见）。例如，有些老人认为自己的媳妇对自己非常不好，且非常坚信自己的判断，因此，即使媳妇在批评孩子的时候，也会认为又在含沙射影，骂自己。⑥最大化或最小化事实，片面地夸大或缩小事实，不顾实际情况，用极端的眼光看事情。习惯于这种最大化或最小化思维的人，往往都会在评价自身、他人或某件事时，不合理地夸大消极面或缩小积极面。⑦选择性注意（又称为精神过滤），将注意力集中于部分细节而不看整体。例如，有些老年人即使自己在很多方面有优势，仅仅因为某些方面比别人差，怎么努力也达到不了别人的高度，就认为自己糟糕透顶，对自己形成消极评价。⑧度人之心，是指坚信自己懂得别人的心思，过于以自我为中心，不考虑其他可能性就做出武断的判断。比如，有的老年人经常感到不舒服，有疼痛感，怀疑有病，上医院检查却没有查出问题，就怀疑可能是家属联合医生一起骗他 / 她。⑨以偏概全，又称晕轮效应、成见效应、光圈效应等，指人们在交往认知中，对方的某个特别突出的特点、品质会掩盖人们对对方的其他品质和特点的正确了解。美国心理学家凯利以麻省理工学院的两个班级的学生分别做了一个实验。实验者向学生介绍临时请来的研究生代课老师的情况，向一个班学生介绍这位研究生具有热情、勤奋、务实、果断等品质，向另一个班学生介绍的信息除了将“热情”换成了“冷漠”之外，其余各项都相同。下课之后，前一个班的学生与研究生代课老师主动交流，另一个班的学生对他却敬而远之。仅一词之别，影响到学生对老师的整体印象。学生们戴着这种有色眼镜去观察代课老师，相当于这位老师被罩上了不同色彩的晕轮。⑩个人化，是指人们把自己当作整个世界，认为世界上的一切都或多或少地与自己有关。个人化的最大弱点是以不恰当的方式对事情做出反应，或者可能因为一个根本不存在的矛盾与家人发生争执。⑪“命令式”思维，是指个体有一个精确固定的观念认为自己或他人“应该”怎么做，或“必须”怎么做，高估了不这么做的严重后果。⑫管状视野，只看见事物的一个方面，无论是消极方面还是积极方面，就得出片面结论的极端思维方式。以上列举的 12 种典型的非理性思维，彼此并非完全独立的，几种思维之间可能会有内在联系或者相似的外在表现。在应用时，应从实际情况出发，灵活运用。

六、ABC 理论的 5 个基本假设

上述内容介绍了埃利斯 ABC 理论、情绪、理性思维和非理性思维的概念内涵，这些对理解该理论的形成以及如何应用于临床实践具有很大的好处。

埃利斯理论的形成基于 5 个基本假设：①理性思维和行动使我们愉快；②情绪源于思维，困扰来自不合理的思维；③任何人都避免不了不合理的思维；④思维借助于语言而进行，所以需要辩论；⑤情绪困扰的持续来自内化语言的持续。

理性思维与感性思维是互相对应的一对概念。理性思维是逻辑思考的结果，逻辑思考需要利用信息进行加工，产生想法的速度相对较慢，但是比较稳定，一般不会变。感性思维基本上靠的是一种直觉，人对于事物的感觉是瞬时产生的，但是这种感觉容易受外在影响，比较易变。在现实生活中，无论是做决策和人际交往，人们往往希望在理性思维与感性思维中间找到一个平衡点。所谓平衡就是

当你遇到事情时，需要用合适的或者正确的思维方式分析问题，并付诸正确的行动解决问题。如果一个人太理性，感性就会离他很远，他这个人会很无趣，生活会过得很骨感。反之，如果一个人太感性，理性就会离他很远，他这个人会很情绪化，身边的人会因为你难以相处而远离你。

举个例子，假如我某天进了一家商店，看上了橱窗里模特身上的一件衣服，高档且非常适合我的气质。一看价格，就体现出了我的品位。根据当前我的收入水平，认为这衣服属于奢侈品系列。理性思维告诉我，这件衣服假如我买了，穿出去的机会也很少，即使偶尔有机会显摆一下，也可能不会真正给我带来舒适或愉悦感。感性思维告诉我，以前身材一直处于微胖状态，再好看的衣服穿在我身上也是大妈，好不容易通过几年的健身，身材苗条了些，穿件上档次的衣服，可能会让我瞬间年轻十岁。综合理性思维和感性思维的结果，我最终考虑买下了这件衣服，哪个女人不爱美呢！因此，在日常生活中我们需要训练这两种思维能力，既让你的理性世界向外传递道义，又让你的感性世界向外输送阳光雨露。

（王珍　邹卓序）

第三节 加德纳多元智力理论

美国教育家、心理学家霍华德·加德纳，被誉为“多元智能理论”之父。在1983年出版的《智力的结构》一书中，他提出“智力是在某种社会或文化环境的价值标准下，个体用以解决自己遇到的真正的难题或生产及创造出有效产品所需要的能力”。他认为每个人都至少具备语言智力、音乐智力、逻辑数学智力、空间智力、身体运动智力、内省智力、人际关系智力和自然智力，又称为多元智力，这八种智力为“多元智能理论”奠定了理论基础。

加德纳认为，智力的基本性质和结构都是多元的，由一组能力构成，各种能力不是以整合的形式存在，而是以相对独立的形式存在，这八种智力在每个人身上的组合方式是多种多样的，每个人在不同领域的智力发展水平是不同步的。“多元智能理论”强调多元性、差异性、创造性和开发性。该理论既不采取因子分析法来决定智力的构成因素，也不采用智力检测来鉴别智力的高低，而是认为智力是在某种文化环境的价值标准之下，个体用以解决问题与生产创造所需的能力。

该理论的 8 种元素单个或者组合使用可以用于情绪管理。本节重点介绍构成该理论的 8 种要素，其具体使用情况贯穿于本书最后一章的情绪管理内容中。

一、语言智力

语言智力是指人的听、说、读、写的能力，表现为个人能够顺利而高效地利用语言描述事件、表达思想并与人交流的能力。这种智力在记者、编辑、作家、演说家和政治领袖等人身上有比较突出的表现，这是一种与生俱来的口才能力。著名演说家、作家和政治领袖丘吉尔就是这样一位天才式的人物。

我们知道，演讲者通常分为两种类型，一种是靠理性思维善于雄辩的演讲者，另一种则是靠感性思维听从内心的发自肺腑的演讲者。善于运用推理和理性思维的演讲者往往掌握大量的统计资料和事实材料，靠数据和事实说话，这样的演讲者通过将一些冰冷的数据和事实整理成逻辑链，然后运行在自我的思维逻辑上，最后得出无可辩驳、掷地有声的结论。而那些听从内心的声音、发自肺腑的演讲者们，也可能精通那些推理的技巧，但是他们仅将这些技巧作为一种工具使用，并且具有单纯的说理人所没有的能力，语言与思想在他们那里是高度统一的。

二、音乐智力

音乐智力，是指感受、辨别、记忆、改变和表达音乐的能力，具体表现为个人对音乐美感反映出的包含节奏、音准、音色和旋律在内的感知度，以及通过作曲、演奏和歌唱等表达音乐的能力。这种智力在作曲家、指挥家、歌唱家、演奏家、乐器制造者和乐器调音师身上有比较突出的表现。18 世纪欧洲著名的古典音乐家莫扎特就是一个音乐天才。莫扎特在 4 岁的时候就展现出了惊人的音乐天赋。他的作品数量多、质量高，对后人的音乐产生了很大的影响。

音乐是人从世界上所有的声音中选择出来的一部分音响，按照一定规律组织起来的声音之流，流向并刺激人的耳朵和大脑，当人能从倾听这个“音流”中所得的感受和领悟去认识改变自己和世界，使人类因此而生存得更好的时候，音乐的价值与作用才充分被凸显了出来。音乐具有开发大脑和启智的作用，对于人的感知力、注意力和记忆力等都具有提升作用。

音乐对于提高感觉能力的帮助体现在：①音乐是“声音的雕刻品”，充满着音高、力度、音色和节奏的变化，对听者的耳朵提出了难度很大却极具诱惑力的挑战。受音乐影响最大的是听觉，知识主要以语言的形式被接收和表达，因此要求学习者有很高的听觉辨别力，人的听觉能力与语言辨别力是平行发展的，对声音的音高、力度、音色、节奏和形式辨别能力差的人，语言的接收和表达能力也差。②学习音乐对视觉有帮助。学习音乐以及任何一样器乐，都需要看乐谱。乐谱上除了有音符的标记，还有其他的力度、速度、表情等记号和术语，有的多声部乐器（比如钢琴）的乐谱，常有两个以上的声部记录，这就要求演奏者有较强的视觉分辨及视觉整体把握能力。③学习音乐还对提高触觉、运动觉等多种感觉能力有所促进。实际上感觉器官之间是相互连通的，音乐有助于联通和拓宽各种感觉能力的渠道，增强各感觉能力的协调，有助于外界的知识信息通过这些渠道加速加倍地被大脑接收和处理。

音乐有助于提高人的注意力。注意力也是形成智力的一个重要因素。音乐的学习和训练能培养人的多种注意力素养。有研究表明，从小学习或接触音乐机会较多的孩子，在其他学习中注意力保持的时间比同龄儿童长。音乐的欣赏与表演，一方面使注意力高度集中，另一方面又使注意力的范围扩大。参加音乐表演的人，更是需要同时注意四肢的动作姿态、面部表情、识读乐谱、表达作品内在情绪等，这对注意力的紧张度和分配能力都是极具诱惑的挑战和锻炼，若将这些能力迁移到其他知识的学习，往往能起到事半功倍的效果。

音乐有助于提高人的记忆力。人的大脑就像图书馆，有巨大的记忆潜力和能力。每个人一生中搜集的知识、情感等信息都永久性地保存在里面，但是我们时常会发现自己“脑子不好使，记性不好”。其实，我们没有丢失任何东西，只是我们的大脑不善管理，犹如图书馆里未经整理而随意堆放在一起的书，要用的时候找不到。而且可以肯定的是，在音乐的辅助之下，人的记忆力就像是搭上了“动车”。音乐能增强记忆的信心。一首歌曲远比一篇短文好记，而且不易忘记。儿时唱过的歌曲远比儿时背诵过的诗文记忆深刻，哪怕人已头发花白，牙齿掉光，对于童年的歌谣都还能念念不忘，其主要原因就是“我一定能记住”的信心的助力，这种信心也能用于其他功课的学习上。音乐也有助于调节人的情绪，良好的情绪状态也是决定记忆的关键。恋人能终生铭记情人的每一句话语，母亲能记住一个孩子第一次学说话走路的样子，就是因为这些记忆与当时的喜悦心情结合在一起，这在心理学上被称为“情感记忆”。

三、逻辑数学智力

逻辑数学智力是指运算和推理的能力，表现为对事物间各种关系如类比、对比、因果和逻辑等关系的敏感，以及通过数理运算和逻辑推理等进行思维的能力，属于理性逻辑思维能力较突出的智力体现。逻辑数学智力强的人，对数字、物理、几何、化学以及各种理科高级知识有超常人的表现。一些数学家和物理科学家往往在这个方面的智力都不低。这种智力在侦探、律师、工程师、科学家和数学家身上也都有比较突出的表现。

逻辑数学智力经历了一定的发展阶段才逐步走向成熟。在加德纳提出逻辑数学智力概念之前，瑞士心理学家，发生认识论的开创者让·皮亚杰提出儿童的认知发展经历了感知运动期、前运算时期、具体运算和形式运算四个发展阶段的观点。加德纳认为皮亚杰从儿童与外部世界的行为中发现了逻辑数学智力的根源，其所提出的儿童的认知从“感知运动期”到“形式运算期”的发展模式，重点就是在描述逻辑数学智力方面的发展。

加德纳认为逻辑数学智力是指人进行计算、量化、思考命题和假设以及复杂数学运算的能力，即有效运用数字和推理的能力。从加德纳的解释中，可以得出逻辑数学智力的构成要素主要有数字计算能力、逻辑思维能力、问题解决能力、归纳和演绎推理能力以及对模型和关系的辨别即空间想象能力等，其核心是发现问题和解决问题的能力。

目前逻辑数学智力的开发主要面向儿童及青少年，老年人群、情绪障碍患者以及一些认知退行性改变的患者应该也是逻辑数学智力开发的重点人群和获益人群。

四、空间智力

空间智力是指感受、辨别、记忆、改变物体的空间关系并借此表达思想和情感的能力，表现为对线条、形状、结构、色彩和空间关系的敏感，以及通过平面图形和立体造型将它们表现出来的能力。这种智力在画家、雕刻家、建筑师、航海家、博物学家和军事战略家的身上有比较突出的表现。

空间智力在我们日常生活中扮演着非常重要的作用。空间智力作为一种基本智力，可以在任何给定的时刻在人类意识的多个层次上发挥作用，它可以与其他认知功能结合起来，帮助我们学习处理不同类型的信息，以及制订解决各种日常问题的策略。当我们需要根据位置、距离和方向的信息采取行动时，我们就会使用到这种能力，从这个意义上说，空间智力无处不在。

心理旋转实验是美国斯坦福大学的心理学家谢帕德和梅茨勒等在 1971 年做的一系列实验。实验的材料是一对对不同方位的立方体构成的图形。要求被试者判断一对对图形是相同的还是不同的，并计算所用的时间。该实验请了 8 位成人被试者对 800 对同物图片进行判断。被试者报告了他们判断时使用的方法：首先是把一个物体图形在心里旋转，直到与另一物体的方位相同，然后进行匹配比较，从而做出完全相同或完全不同的判断。可以看出，无论图片所示的物体是在平面上旋转（即通过旋转画纸就可以实现），还是在三维深度中旋转（把物体方位旋“进”画纸中去)，判断所用的时间同两物图片上的角度差异呈线性关系，即旋转的度数越大，反应所用的时间越长。这就是著名的心理旋转的实验。

针对空间智力开发一些游戏和项目，也将有益于老年人群、情绪障碍患者以及一些认知退行性改变的患者管理。

五、身体运动智力

身体运动智力是指支配肢体完成精密作业的能力，是所有体育运动员、世界奥运冠军们必须具备的一项智力。运用四肢和躯干的能力，表现为能够较好地控制自己的身体，对事件能够做出恰当的身体反应，以及善于利用身体语言表达自己的思想和情感的能力。这种智力在运动员、舞蹈家、外科医生、赛车手和发明家身上有比较突出的表现，例如美国篮球运动员迈克尔·乔丹。运动方面是这种智力的特点，它能有效地组织协调人的四肢，从而达到有效的运动能量。

中老年人群是身心疾病的高发人群，培养中老年人群的身体运动智力在活跃思想、稳定情绪、修身养性、社会交往、愉悦心情、乐享晚年等方面具有多种益处。适合中老年人群的运动项目很多，比如步行或慢跑、太极或体操、登山或旅游、游泳或垂钓、球类运动等。

六、内省智力

内省智力是指认识、洞察和反省自身的能力，表现为能够正确地意识和评价自身的情感、动机、欲望、个性、意志，并在正确的自我意识和自我评价的基础上形成自尊、自律和自制的能力。这种智力在哲学家、思想家、小说家等人身上有比较突出的表现，例如哲学家柏拉图。

就拿情绪管理来说吧。我们都知道长期处于不良情绪对身心极为有害，却总是深陷种种不良的情绪困扰中，就像迷恋酒精的大脑很清楚长期喝酒对身体有百害而无一利，却仍然沉迷于酒精不能自拔，这就是情绪习惯的力量。

举个例子，一位老人在老伴和儿子的陪同下到心理门诊咨询。一进门，老太太就开始滔滔不绝讲起了故事：医生，我每天担心的事情太多了！儿子每天早上出门，我会担心儿子在路上会不会出车祸。只要电视里播放与交通事故有关的新闻，我就担心我的儿子。就算全家人都在一起，我也总感觉有什么不好的事情要发生，总感觉不安……

这位老人的症状在心理学上称为“泛焦虑症”，即对那些明明没有必要特别担心的事总是担心和不安。担心已经变成了老年人的一种习惯，这完全符合大脑的工作原理：大脑并不是下意识地为我们选择有益的东西，而是竭尽全力地维持我们平时熟悉的状态，大脑只喜欢熟悉的东西。

针对情绪习惯的惯性问题，心理学上也有些针对性措施甩掉消极的情绪习惯，比如，分析不同情况下情绪变成习惯的过程、寻找诱发情绪习惯的刺激、清点大脑中固定的思考习惯、利用全新的想象修正不良的思考习惯等，这些目标的达成需要患者的内省智力作为基础，以战胜习惯这个强大的对手！

七、人际关系智力

人际关系智力是指与人相处和交往的能力，表现为觉察、体验他人情绪、情感和意图并据此做出适宜反应的能力，也是情商的最好展现。这种智力在教师、律师、推销员、公关人员、谈话节目主持人、管理者和政治家等人身上有比较突出的表现。

人际关系跟情绪一样，同样存在习惯效应。在人际关系中，我们往往会表现出个人倾向。每个人与他人交往的方式都是长期形成的，很难轻易改变，时间越长，越难改变，且已经形成了习惯。习惯一旦形成，我们通常形容两个人的关系“合得来”“一路人”等，这里的“合得来”就是“熟悉”的意思，熟悉就是与对方的人际关系很和谐。因此，我们在不知不觉中都在寻找符合自己习惯标准的人，即使有些习惯对我们没有什么好处，大脑也会努力维持。

我们生活在无数的关系中，人与人之间的关系复杂多样，人生的不同阶段，人际关系也不同。比如，60 岁以上的老年人或者退休后的老年群体，人际关系也逐渐发生着微妙的变化，“人际关系逐渐趋于解体”较为形象地反映老年人人际关系的现实。人际关系解体的原因主要有两点：一是原先关系的发展方向开始分离，比如退休，一起工作的同事，关系开始冷漠；二是产生了分歧，观点或问题处理方式的不同，让彼此的不同点扩大，关系产生裂缝。

老年人人际关系的解体原因中，最为致命的是与家人的分歧造成的关系冷漠。研究认为，老年人人际关系的解体是一个渐进的过程，一般会有 4 个阶段：①分歧产生，年龄差距、受教育程度、生活习性、对孩子的教育等，都会导致老人同子女产生分歧。如果能够处理好分歧，关系将缓和，如果不能解决，矛盾会激化，并进入下一阶段。②关系疏远，一旦老人与子女产生分歧，长期得不到解决，老人会选择逃避，不与子女沟通，减少与子女碰面的机会。随着沟通的减少，彼此之间的裂痕越来越深，并进入下一阶段。③冷漠阶段，这个阶段对老人和子女都是痛苦的，双方选择消极面对和逃避的后果就是逐渐沉默，形同陌路。此阶段，如果双方都能放下面子，积极沟通与交流，关系会缓和，如果不能解决，老人会感到特别痛苦，并进入下一阶段。④关系恶化，子女的不友好或者冷漠，让老人逐渐产生对抗和敌意，情绪和行为上更为消极，心想一辈子的付出，换来子女的冷漠，关系彻底破裂。

随着老龄化问题的日益严重，老年人人际关系问题也需要引起足够的重视，需要多种方式多管齐下，共同致力于老年人的身心健康。

八、自然智力

自然智力是指认识世界、敏锐地觉知周围环境的改变的能力，适应不同环境的生存能力，善于将自然界中看似无关的基本元素有机地联系起来的能力。

自然能力，对于儿童和青少年而言，是一种有待培养和开发的能力，自然智力在儿童时期的表现：①在生活中有敏锐的观察力与强烈的好奇心；②对事物有特别的分类、辨别、记忆的方式；③喜欢课外活动、亲近大自然等。

自然能力，对中老年人而言，是他们多年来累积的非常丰富的资源和宝藏，如果能充分挖掘这块资源和宝藏，所产生的效益将是无法估量的。

（钮富荣　吴家豪）

第四节 情绪风格的神经机制

第一章节重点介绍了情绪风格的六大要素、情绪风格对我们生活的影响、情绪风格的可塑性以及情绪风格的评估。脑成像技术等脑科学技术研究发现，情绪风格的每个维度都对应着特定大脑相关区域的活动模式，每一种维度都有其神经生理学基础。情绪风格是大脑功能的产物，包括大脑神经元之间的联系方式、大脑回路的作用方式、大脑结构和功能的关系以及神经化学递质的作用机制等。本节重点介绍 6 种情绪风格产生的神经机制。

一、情绪调节能力的大脑机制

情绪调节能力可以理解为情绪的符号化能力。婴儿在肚子饿了或身体不舒服的时候，会表现出痛苦的情感，如果得不到回应，他们以行动的方式（哭喊或攻击）来表达情绪。随着语言功能的发育，儿童逐渐具备了符号化的能力，能够对情绪感受产生思维上的理解，并能够用言语去表达情绪，这种对情绪体验的符号化能力，是情绪调节的重要方式。不过，生活中也有一些人，虽然他们的语言功能不存在问题，但语言与情绪之间的联结较弱，因此他们会继续以婴儿期的付诸行动的方式来表达情感。比如男性，当受到冒犯性语言攻击的时候，可能会毫不犹豫地给对方一记拳头；如果是位女性，每当她感觉到愤怒时，便会出现身体上的疼痛或不适。一些躯体障碍的患者，会向医生报告身体方面的种种不适的症状，这也是他们那些未得到表达与理解的情绪的表现方式。生活中还有一些人，具备了对情绪的符号化能力，但他们可能会采取过度调节的方式，通过意志力或其他的防御机制压抑情感。有些人会习惯性地将悲伤、难过与愤怒的情感运用幽默的方式表达出来，久而久之那些未得到表达的负面情感便转化为抑郁。这实际上也是情绪体验及表达能力被约束的体现。

情绪调节能力强的人一般抗挫折能力强，意味着其左脑前额皮质相对于右脑具有更高的激活水平，而情绪调节能力较弱的人，其右脑前额皮质的激活水平更高。情绪调整能力强的人其左侧前额皮质的激活水平是情绪调整能力弱的人的30倍。

前额皮质（prefrontalcortex，PFC）指的是初级运动皮质和次级运动皮质以外的全部额叶皮质，是人类最高级的认知活动的发生地，以及判断、计划和执行能力的中枢。灵长类动物的PFC分为3个子区：背侧PFC、腹内侧PFC和眶额皮质。前额皮质的各个部分与情绪有关。PFC的技能具有不对称性。左侧PFC与积极感情有关，右侧PFC与消极感情有关。

前额皮质之所以会对“情绪风格”的某一维度产生影响，是因为前额皮质区与杏仁核的神经元之间存在联系，也正是它们之间传递的信号决定了大脑从令人不愉快的经历中恢复的快慢程度。当我们感到焦虑、恐惧或者危险的时候，杏仁核就会被激活，而左前额皮质对杏仁核的激活具有抑制作用，从而帮助个体从不愉快或者困境中迅速恢复。因此，左前额皮质与杏仁核之间的信号交流的多少，决定了一个人能否从困境中恢复过来的速度，交流越少，恢复得越慢。

二、社交直觉的大脑机制

社交直觉是情绪风格的关键维度之一，可以简单地理解为“能读懂别人行为和语言背后的信号的能力”。社交直觉来源于我们的潜意识，它会直接影响着我们的思考和行为。社交直觉不单单体现在面对面的社交，还包括线上（比如社交软件聊天）社交或者云社交。具体一点，可以从3个方面来理解社交直觉：①察言观色的能力，指的是留意观察他人的话语和神情，揣摩他人的心意，也叫情绪勘察能力。②身份的预判能力，比如你去一家公司应聘，公司所有人包括董事长、主管和员工全都穿一模一样的工作服，如果你能准确地判断谁是老板，说明你对身份的预判能力较强。③微表情识别能力，面部表情的变化，社交直觉很容易识别，但是微表情更加细微，需要更高的社交直觉来识别，而这种微表情更多时候是在不经意间流露的真实情感，比如你在饭桌上进行一场合作谈判，表面上谈得非常好，对方的面部表情让你非常满意，但其实他内心是非常排斥的，只是为了某种原因迎合你而已，这也是高情商的表现。

人类是社交直觉高度发达的动物，能够通过眼睛从对方获取社交信号。社交直觉与大脑梭状回和杏仁核之间的交流有关。梭状回位于视觉联合皮质中底面，用于面孔识别，更大程度上是负责对物体次级分类的识别。自闭症患者识别面孔的能力下降，观看面孔时梭状回不激活。社交直觉敏锐者的梭状回的激活水平较高，而杏仁核的活动处于中低水平，对社交信号异常敏感，即便是蛛丝马迹也能够被他们捕捉到。社交迟钝者则表现为梭状回的激活水平较低，而杏仁核的激活水平较高。

三、情境敏感性的大脑机制

情绪风格中的情境敏感性视为指向外部的“自我觉察能力”，反映的是你对自身的生理信号和情绪信号的敏感度，体现的是一个人的行为是否“得体”，是否与当时所处的环境、情况相匹配。对周围的社交环境非常留意的人，处于情境敏感性维度的“情境敏感”一端，对社交环境不在意的人，处于“情境迟钝”的一端。比如说，你参加一场婚礼，现场的气氛是充满喜悦和幸福的，而你却不停和身边人大倒苦水，就显得非常不合时宜。再比如，你参加一个英年早逝的大学同学的葬礼，家人都无比悲伤，而你却和好多年没有见面一同来祭奠的大学同学相谈甚欢，同样也显得非常不合时宜。不过，对情境过于敏感也并非好事。通俗地说，处于“情境敏感”极端的人，往往活得没有自我。在社交场合，他们不断地在观察周围环境的氛围，判断身边人的情绪，做出符合他们期待的言行，使得自己的情绪失去了稳定性。久而久之，他人可能怀疑你是否真诚，或者陷入别人带来的负面影响中无法自拔。

情境敏感性与海马回关系密切。海马区的功能是主管人类记忆，包括近期记忆和长期记忆。近期记忆，有点像是计算机的内存，将几周内或几个月内的记忆暂时保留，以便快速存取。海马回也负责长期记忆，海马区记忆其实就是神经细胞之间的连结形态，当大脑皮质中的神经元接收到各种感官或知觉讯息时，它们会把讯息传递给海马区。如果海马区有所反应，神经元就会开始形成持久的网络。当然，海马回在储存信息的时候也会无意识地抛掉某些信息。存入海马区的信息如果一段时间没有被使用的话，就会自行被“删除”，也就是被忘掉了。存入大脑皮质的信息也并不是永久存储，长时间不使用该信息的话，大脑皮质也许就会把这个信息给“删除”掉了。

除了负责记忆的功能，离杏仁核较近的海马区还有调整行为以适应特定情境的作用。“情境迟钝”的人海马回活跃水平较低，而“情境敏感”的人海马区活跃水平较高。海马回与其他的大脑区域（前额皮质）之间联系的强度也影响一个人的情境敏感性，联系强度越强，情境敏感度越高。当然，海马回的极度活跃可能导致对情境的过度关注，从而妨碍情绪的自然流露。

四、自我觉察能力的大脑机制

自我觉察能力是指个体能够辨别和了解自己的感觉、信念、态度、价值观、目标、动机和行为的能力。自我觉察意味着一个人开始超越自己的心智，让觉察的自我从心智中分化出来，把自己的心智作为一个对象来加以认识。不管注意是向内指向自我的，还是向外指向环境的，都将会影响自我调控。通常我们的注意是指向环境的，但有时也指向自己。

心智是大脑的活动，大脑只是我们的一个工具，它位于身体的最高位置，容易造成一个错觉，以为大脑是我们的最高统帅。实际上，大脑的作用只相当于一部电脑。大脑这个工具本身具有很多系统缺陷，一个最常见的缺陷是思维活动的 80% ～ 90% 是重复性的。思维的重复性导致我们行动的重复性、机械性，也就是日常行为中的习惯性反应。习惯性的反应有很强大的力量，足以使我们生活在习惯的驱使之下。要想超越习惯性反应的惯性，只有通过内省，也就是对心智活动本身进行思考、反省和修正，才能达到超越。大脑的第二个系统缺陷是自动编故事的机制。大脑的主人如果缺乏对这个机制的了解，会把每一个故事信以为真，误以为是自己的想法、自己的智力、自己的聪明。表面上看去，大脑很聪明，会分析、判断、推理，然而，大脑所有的分析、判断、推理都基于已有经验的制约。大脑看起来是理性的，其实不然，在更多的时候，那只是一个合理化的、自圆其说的过程，也就是一个自动编故事的机制。造成我们痛苦、愤怒等情绪的，并非问题本身，而是我们对那些问题的想法，也就是头脑中编的故事。

大脑中决定一个人自我觉察能力的关键区域是脑岛。脑岛为大脑的岛叶，呈三角形岛状，位于外侧沟深面，被额叶、顶叶和颞叶所掩盖。脑岛中含有身体的内脏“地图”，也就是说，人体内的内脏器官，包括心、肝、结肠、性器官、肺、胃、肾等，都各自在脑岛中有映射点或区域。脑岛可以理解为大脑的监控站，密切追踪脖子以下身体内部的动向。脑岛也会向器官发送信号，向心脏发送信号，心跳会加速，向肺部发送信号，肺呼吸加速。除了脑岛，躯体感觉皮质区也能觉察到身体内部的感觉。

内脏神经越活跃，与脑岛的交流越充分，脑岛就越活跃，生理感觉的自我觉察能力越强，同时也具有较强的情绪觉察能力。但是，需要注意的是，在极端情况下，超高的脑岛活跃程度可能意味着对身体信号的过度觉察，导致惊慌或者疑病症的出现。

英国剑桥大学的科学家发现，人类脑部中的脑岛部分，或为令人沉迷赌博的“元凶”。科学家让脑岛部正常及脑岛部受损的人士，分别玩老虎机及电脑轮盘游戏，结果发现，脑岛受损之人输掉赌博后，较脑岛部正常的人更少继续赌下去，以求翻身的机会。而脑岛部正常的人在玩老虎机时，会认为仅差一个图案未能赢钱时，再赌下去有更大机会赢钱。

五、生活态度的大脑机制

生活态度可以简单理解为一个人对待生活的态度或心态。生活指的是为生存和发展而进行的各种活动。态度是人们在自身道德观和价值观基础上对事物的评价和行为倾向。态度表现于对外界事物的内在感受（道德观和价值观）、情感（即“喜欢或厌恶”“爱或恨”等）和意向（谋虑和企图等）三方面的构成要素。激发态度中的任何一个要素，都会引发另外两个要素的相应反应，这称为感受、情感和意向三个要素的协调一致性。心态指对事物发展的反应和理解表现出不同的思想状态和观点。

同一种事物或事件，不同的人有不同的看法或观念。有些人采用正向的、积极的态度来理解或对待，而有些人却采用负向的、消极的态度来理解或对待，这一正一反说的就是心态，完全取决于个人的想法。积极的心态可使人快乐，给自己和别人的感觉是有进取心、有朝气、有精神；而消极的心态则使人沮丧、难过、没有主动性。

古希腊哲学家苏格拉底的 3 个弟子向老师求教，怎么才能找到理想的伴侣。苏格拉底没有直接回答他们，却带他们来到一片麦田，让他们每人在麦田中选摘一支最大的麦穗，不能走回头路，并且每人只能摘一支。这其实蕴藏着一个很常见的哲学概念：随机和机会。当弟子去摘麦穗时有 3 种可能：①首先摘了一个大的麦穗，但后面也许有更大的麦穗；②死心塌地走到最后，看到了所有的麦穗，但可能后面的还没有前面的大；③走到一半时，经过比较，选一个被认为是最大的，无论以前错过的机会和后面可能的机会，都不受其影响，高高兴兴地欣赏自己的选择。在我们的一生中，会遇到很多这样的境遇，没有任何事情是你可以预料的。因此，不要为错过的机会而后悔，也不要为未来渺茫的机会而失去眼前更多的机遇。

决定一个人生活态度的是由大脑前额皮质与腹侧纹状体的伏状核构成的大脑的奖赏回路。来自大脑前额皮质的信号可以让腹侧纹状体的活跃程度保持在较高的水平，这一区域对奖赏感以及与“积极”生活态度的产生非常关键。反之，来自大脑前额皮质的信号较少，则导致腹侧纹状体的活跃程度较低，这也是生活态度“消极”的人的特征。

六、注意力的大脑机制

注意力是指人的心理活动指向和集中于某种事物的能力。俄罗斯教育家乌申斯基曾精辟地指出：“注意是我们心灵的唯一门户，意识中的一切，必然都要经过它才能进来。”注意力是智力的 5 个基本因素之一，是记忆力、观察力、想象力、思维力的准备状态，所以注意力被称为“心灵的门户”。注意是指人的心理活动对外界一定事物的指向和集中，是伴随着感知觉、记忆、思维、想象等心理过程的一种共同的心理特征。注意有两个基本特征，一个是指向性，是指心理活动有选择地反映一些现象而离开其余对象，表现为对出现在同一时间的许多刺激的选择；二是集中性，是指心理活动停留在被选择对象上的强度或紧张，表现为对干扰刺激的抑制。注意力的产生及其范围和持续时间取决于外部刺激的特点和人的主观因素。

注意力有 4 种特质，即注意的广度、注意的稳定性、注意的分配和注意的转移，这是衡量一个人注意力好坏的标志。注意的稳定性是指一个人在一定时间内，比较稳定地把注意集中于某一特定的对象与活动的能力。比如学生听课，如果学生在听课时大部分时间处在“溜号”状态，或是偶尔会出现“溜号”状态，直接影响听课质量。注意的广度也就是注意的范围，是指人们对于所注意的事物在一瞬间内清楚地觉察或认识的对象的数量。研究表明，在一秒钟内，一般人可以注意到 4 ～ 6 个相互间联系的字母，5 ～ 7 个相互间没有联系的数字，3 ～ 4 个相互间没有联系的几何图形。注意的分配是指一个人在进行多种活动时能够把注意力平均分配于活动当中。比如，孩子能够一边看书，一边记录书中的精彩语言，一边欣赏音乐。注意的转移是指一个人能够主动地、有目的地及时将注意力从一个对象或者活动调整到另一个对象或者活动上。注意力转移的速度是思维灵活性的体现，也是快速加工信息形成判断的基本保证。注意力不集中，既有生理原因，又有病理或者环境因素的影响。

注意力与前额皮质有关。前额叶皮质是大脑额叶的一部分，是大脑中唯一发育时间更长的部分，也是大脑最终发育的唯一部分，会持续发育到 25 岁。前额叶皮质负责一系列重要功能，包括执行功能、记忆力、注意力和情绪调节。前额叶皮质根据功能可以分为 3 个主要的子结构，分别为内侧前额叶皮质、外侧前额叶皮质和眶前额叶皮质。内侧前额叶皮质负责注意力。外侧前额叶皮质专注于日常生活任务的规划和执行，无论是复杂的还是简单的任务。眶前额叶皮质负责控制我们的情绪和冲动，避免鲁莽行事。

第五节 情绪障碍的生理机制

焦虑障碍是人群中最常见的情绪障碍之一。2004 年世界卫生组织对全球 28 个国家和地区进行了世界精神卫生调查及跨文化研究，发现焦虑障碍的终生患病率为 13.6% ～ 28.8%，年患病率为 5.6% ～ 19.3%。2019 年的研究显示，中国各类主要情绪障碍中，焦虑障碍患病率最高，成人任何一种焦虑障碍的终生患病率为 7.6%。

第二章讲到焦虑以多种形式表现出来。比如，原发性焦虑障碍主要分为 3 种类型，分别为广泛性焦虑障碍（GAD）、恐慌障碍（PD）和恐惧症（phobias）。恐惧症又可进一步细分为广场恐惧症（PDA）、社交恐惧症（SPI）和特定的恐惧症（SP）。具体到个体，可能表现为以一种类型为主同时兼具其他类型，比如 GAD 常伴有恐慌障碍和 / 或恐惧症。无论何种形式的焦虑障碍都有应激反应过度的生理症状，以及相似的大脑功能障碍，即认知障碍。具体而言，焦虑的主要表现可分为 4 大类：①情绪症状，表现为持续的紧张、担忧、恐惧、易激惹、恐慌等；②认知症状，表现为过度担忧未来、担忧自己的健康状况、担忧自己的社交能力等；③生理症状，表现为心慌、气短、出汗、胸闷、头痛、肌肉紧张等；④行为症状，表现为回避焦虑源、过度检查、拖延、过度依赖他人等。

同焦虑障碍一样，抑郁症也是一种常见的精神疾病，在西方被称为“蓝色隐忧”。抑郁症发病率很高，被称为精神病学中的感冒。根据新的疾病分类和诊断系统所进行的部分地区流行病学调查结果表明，我国抑郁症患病率为 10‰～ 15‰，已与发达国家统计结果相近。神经精神疾病在我国疾病总负担中排名首位，约占疾病总负担的 20%。令人遗憾的是，目前全国地市级以上医院对抑郁症的识别率不到 20%，在现有的抑郁症患者中，只有不到 10% 的人接受了相关的药物治疗。

抑郁症对患者及其家属造成的痛苦，对社会造成的损失是其他疾病所无法比拟的。造成这种局面的主要原因一方面是社会对抑郁症缺乏正确的认识，使患者不愿到医院或精神科就诊，仅有 5% 的抑郁症患者接受过治疗，大量得不到及时的诊治的患者，病情会逐渐恶化，甚至出现严重的后果。另一方面的原因是民众缺乏有关抑郁症的知识，对抑郁症状误认为是闹情绪，不能给予应有的理解和情感支持，对患者造成更大的心理压力，使病情进一步恶化。

抑郁症的种类具有不同的划分标准，根据产生的原因和症状主要分为 7 大类：①大脑生物胺相对或绝对不足引起的内源性抑郁症，常伴有懒、呆、变、忧和虑五大症状；②反应性抑郁症，各种精神刺激、挫折打击所导致；③隐匿性抑郁症，情绪低下和忧郁症状并不明显，常常表现为各种躯体不适症状，如心悸、胸闷、中上腹不适、气短、出汗、消瘦、失眠等；④以学习困难为特征的抑郁症，主要表现为学习困难，注意力涣散，记忆力下降，成绩下降，厌学、恐学、逃学或拒学等；⑤药物引起的继发性抑郁症；⑥躯体疾病引起的继发性抑郁症；⑦产后抑郁症。

在第二章重点探讨了焦虑和抑郁的炎症机制，本节重点探讨焦虑和抑郁这两种患病率最高的情绪障碍的更广泛的生理机制。

一、焦虑障碍的机制

1. 焦虑是多种因素合力的结果

焦虑是多种因素共同作用的结果，大致可以分为 3 类，分别为心理因素、生物学因素和社会环境因素。心理因素主要包括：①认知偏差，表现为对周围事物和自身状况产生过度担忧，总是将事物往坏处想，导致对未来的恐惧和不安；②情绪调节能力不足，表现为在面临压力时，难以平衡情绪；③心理素质差，表现为抗压能力低、心理承受能力弱。生物学因素主要包括：①神经生物学因素，表现为大脑多种调节作用情绪和心理状态的神经递质（如 5- 羟色胺、多巴胺等）存在失衡现象；②遗传因素，具有家族遗传倾向的个体，患焦虑症的风险更高。社会环境因素主要包括：①社会竞争压力，在竞争激烈的社会环境下，人们容易产生恐慌、担忧等负面情绪，长期累积可能导致焦虑症；②人际关系紧张是影响个体心理状态的重要因素，容易导致个体产生不安、焦虑等情绪，进而诱发焦虑症；③社会支持不足的个体在面对压力时容易产生孤独、无助等情绪，加大焦虑症的发病风险。

2. 焦虑是一种认知偏差

认知心理学派观点认为，决定焦虑程度的，不只是客观的危险，还有个人对危险的评估。焦虑症患者往往会高估实际情景中的危险程度，并且固执地依赖逃避的方式处理他们的恐惧，这种情况属于认知偏差，也是导致焦虑症发生的主要原因。认知偏差是指人们在知觉自身、他人或外部环境时，常因自身或情境的原因使得知觉结果出现失真的现象。

焦虑本质上是一种正常的生理反应，是维持生命和生存的本能反应。但是，如果长期的焦虑过度，导致了焦虑症的发生，则会对身心健康造成极大的威胁。比如，锻炼后肌肉会感到无比酸痛，这实际上是身体的一种正常反应，这意味着肌肉正在成长和变强。然而，如果是焦虑障碍者，可能看到“运动过度导致横纹肌溶解”的相关信息，比如引起弥散性血管内凝血、三联征（肌痛、肌无力和茶色尿）、骨筋膜室综合征、心脏和肾脏功能严重损害，会放大锻炼后肌肉疼痛的心理反应，这种情况属于认知偏差的结果。

认知偏差通常由以下 4 个方面的原因导致：①首因效应，是指当人与人进行接触时对他人的第一印象，就是常说的先入为主。首因效应留下的印象是深刻的，但往往是不准确的或者与现实不相符合的，是有偏差的。首因效应之所以会引起认知偏差，就在于认知是根据对方提供的不完全信息进行判断的。②晕轮效应，是指人们在认知他人时，常常对其所具有的某个特征而泛化到其他一系列有关特征，也就是从所知觉到的特征泛化推及其他未知觉的特征，从局部信息而形成一个完整的印象，这就好像晕轮一样，是从一个中心点逐渐向外扩散成越来越大的圆圈。③投射效应，是指在认知他人时，认为他人也具备与自己相似的特性，这种推己及人的情形，称为投射效应。④近因效应，是指个体对他人近期获得的信息留下清晰印象，其作用往往会冲淡过去所获得的有关印象，导致认知偏差。

因此，从这个角度而言，如果想控制和缓解焦虑，重要的是要消除认知偏差。

3. 焦虑是杏仁核的过度激活

杏仁核属于大脑边缘系统，呈杏仁状。主要负责情绪的产生、识别、调节和记忆功能。杏仁核对来自视觉和听觉的信息，通过丘脑以极快的速度产生情绪，一般是一些感性的、冲动性的、本能的喜怒哀乐等反应。杏仁核也会自动扫描人的面部表情，捕捉对方脸部蛛丝马迹的信息，并判断出自己的喜好。杏仁核是大脑中控制情绪反应的重要区域，尤其是恐惧和焦虑。当大脑接收到潜在威胁的信息时，杏仁核会激活，引发恐惧和焦虑反应。

科学家通过电子计算机断层扫描或核磁共振图片研究发现，焦虑症患者出现认知错误的部分原因是前额叶皮质对杏仁核失去了有效的控制，前额叶皮质向杏仁核发送“终止”信号的部分区域比正常人小，使得杏仁核过度兴奋，将很多信号都理解为是维持生存所必需的。与大脑皮质海马体不同的是，杏仁核记忆的是那些有深刻情绪体验的事件，尤其是恐惧等情绪。杏仁核过度兴奋导致的记忆增强，类似于“一旦被蛇咬，十年怕井绳”的刻板印象，这种恐惧的记忆会相互联系，形成一片，焦虑就会像滚雪球一样越滚越大。

有必要强调一点的是，杏仁核上有一个地方称为“中央核”，属于杏仁核中的一块团块状组织，可接受基底核、外侧核和副基底核的传入，其传出神经广泛分布于大脑的各个部分，参与情绪反应。正是这个中央核，负责焦虑等消极情绪的滚雪球效应，把不构成威胁的刺激与真正构成威胁的刺激联系在一起，因此而形成的恐惧记忆是连接触发器和焦虑的纽带。

4. 焦虑是神经内分泌紊乱的结果

研究发现，当人处于焦虑状态时，人体内有 3 条内分泌轴会发生变化：①下丘脑－垂体－甲状腺（HHT）轴处于高度焦虑的患者，体内甲状腺素会明显减少，从而促进垂体中促甲状腺素分泌，促甲状腺素分泌过盛，往往会导致甲状腺结节的产生，这也从一个侧面解释了为什么长期处于焦虑状态下的人，更容易患甲状腺疾病。②下丘脑－垂体－肾上腺（HPA）轴是身体应对压力的主要通路。当面临压力时，下丘脑释放促肾上腺皮质激素释放因子（CRF），进而促使垂体分泌促肾上腺皮质激素（ACTH），最终导致肾上腺皮质分泌皮质醇。皮质醇是一种应激激素，有助于身体应对压力。然而，长期的压力会导致 HPA 轴紊乱，从而引发焦虑症。③下丘脑－垂体－生长激素轴（hypothalamic-pituitary-growth hormone axis，HGGHA），有研究表明，焦虑患者体内的生长激素会急剧下降，这也从一方面解释了为什么过度焦虑会影响青少年的身体发育。

当上述 3 条内分泌轴的功能发生紊乱，会导致多种与焦虑症的发生有关的神经递质大脑中的不平衡，如 5- 羟色胺（5-HT，血清素）、γ－氨基丁酸（GABA）、去甲肾上腺素（NE）等。这些神经递质失稳可能导致焦虑症。

二、抑郁障碍的机制

抑郁症的分子机制尚未完全阐明，目前的研究表明，抑郁症主要与单胺类递质的改变有关，单胺类主要包括5-羟色胺（5-HT）、去甲肾上腺素（NE）和多巴胺，这三种递质水平降低达到了一定程度，可能会导致抑郁障碍的发生，对应的抑郁障碍的类型分别为焦虑性抑郁症（5-HT缺乏）和阻滞性抑郁症（NE、多巴胺缺乏）。另外，炎症和氧化应激也是目前抑郁生理机制方面探索的热点，且已经获得很多肯定性结论。

1. 5-HT降低导致的焦虑性抑郁

5-HT在大脑里含量正常或稍微有点偏高时，可增加对不良情绪的抵抗力（情绪迟钝），心境稳定。5-HT降低到一定的程度，表现为对悲观情绪的过度敏感，导致抑郁和焦虑。当焦虑和抑郁交替出现，称为骚动状态，具有较高的自杀风险。当焦虑和抑郁同时存在，称为焦虑性抑郁。这种抑郁症的患者很容易着急上火。

2. NE降低导致的阻滞性抑郁

去甲肾上腺素（NE）水平的降低可从3个方面导致抑郁障碍的发生：① NE减少导致负责觉醒功能的α_1受体功能不足，导致精力降低，即产生精神运动性阻滞，具体表现为精神迟缓、运动迟缓和意志减退。患者可能穿衣服都觉得费劲，也就是别人认为的懒。② NE减少还导致负责认知功能的α_2受体功能不足，主要表现为没有动力、不爱动以及思维迟缓，可能看电视都看不懂具体内容。③ NE减少还导致负责情绪调控（主要是抗抑郁）功能的β受体功能不足，导致情感低落。如果3个受体功能减退，导致的症状概括起来为意志减退、思维迟缓、情感低落，即“三低型抑郁症”，属于阻滞性抑郁。

3. 多巴胺缺乏导致的阻滞性抑郁

大脑产生多巴胺的主要部位有3个，分别为前额皮质、伏隔核和纹状体。前额皮质的D_1受体管认知，功能不足时，表现为思维迟缓。伏隔核的D_2受体管快感，这个受体的快感属于期待性快感，人还有一种快感是松弛性快感，这个快感是吗啡受体激动造成的。伏隔核的受体激动不足会导致情感低落。纹状体的D_2受体管精神运动性，可理解为脑力和行动力，其缺失或功能障碍可导致意志减退，脑子不好使，行动力减退，想做一件事情却没有精力去做。多巴胺的缺失或受体功能障碍，导致的是阻滞性抑郁。临床上一般无法鉴别阻滞性抑郁是多巴胺不足还是 NE 不足导致，但阻滞性抑郁的原因是以 NE 不足为主的。因此这种抑郁主要补充 NE。

如果一个人的抑郁表现为情绪焦虑而又敏感，一点小事都会深陷在悲观情绪的沼泽，则属于焦虑性抑郁，由 5-HT 缺乏引起。如果一个人的抑郁表现为从脑子到身体都觉得没力气，则属于阻滞性抑郁，原因是缺乏 NE 或者多巴胺。治疗上主要考虑补充 NE。

4. 抑郁与氧化应激

除了上面介绍的几种神经递质的作用外，目前关于抑郁症的机制学说主要包括炎症因子和氧化应激学说。有较为充分的证据表明，炎症在抑郁症状的发展中起着关键作用，升高的促炎细胞因子水平可引起 HPA 轴的功能障碍、突触神经传递的改变、减少神经营养因子通过血脑屏障，这些因素对于抑郁症的发展可能是关键的。此外，已经证明氧化应激与抑郁症的严重程度之间存在密切关系，氧化应激已被证明是抑郁症发病机制中的重要因素，脑中氧化应激的形成增加可通过线粒体功能障碍和膜脂质损伤而加重抑郁的发展。在第二章我们主要讨论了抑郁与炎症的关系以及抑郁的炎症机制，这里主要讨论氧化应激在抑郁中的作用。

由西班牙格拉纳达大学领衔的一个国际性研究团队通过系统的研究首次证明，抑郁不只是一种精神疾病，应被视作是一种全身性疾病，因为它影响到了整个机体的状态。研究者们首次针对抑郁症患者的躯体改变进行了详细的研究，探讨了抑郁症患者氧化应激参数的变化情况，发现患者机体存在氧化/抗氧化失衡的现象，表现为丙二醛（一种衡量细胞膜氧化损伤的生物标记物）的增加和抗氧化物质（如尿酸、锌、超氧化物歧化酶）的减少。相比于健康对照组，抑郁症患者丙二醛水平显著升高，抗氧化剂尿酸及锌水平降低，超氧化物歧化酶（superoxide dismutase，SOD）升高。在接受常规抗抑郁治疗后，患者的丙二醛水平降低至与健康人相同，同时锌和尿酸水平升高到正常水平，而 SOD 无变化，这些变化的影响均不仅限于大脑，而是累及全身。

（张颖 陈伊黎）

第四章

情绪管理

第一节　老年人的情绪管理

人类社会开始全面进入老龄化时代。人口老龄化作为一种长期趋势，在一个相当长的时期内，中国乃至全球人口老龄化的趋势在总体上都将不可逆转，几乎所有国家和地区都无法避免，差别只是早晚和进程的快慢问题，人口老龄化正在成为人类社会的常态。

在未来几十年里，老年人的数量预计将呈指数级增长，除了可能面临多种慢性疾病共存之外，老年人的情绪也会随着生理调节功能的退行性改变和社会角色的转变，引发感知、记忆、思维、情感和意识等方面的改变，部分老年人可能会出现失落、焦虑、恐惧、抑郁等心理问题。

抑郁症是晚年情感痛苦的最重要原因之一，也可能是许多医学疾病发生的一个促成因素。研究报道，重度抑郁症在 65 岁以上人群中的患病率为 1% ～ 4%，与其他人群的患病率相似。然而，一些特殊的老年人群体有更高的抑郁症状，比如患有慢性疾病的老年人的抑郁症患病率约为 25%，养老院居民的患病率在 25% ～ 50%。

老年抑郁被认为是比高血压、糖尿病和癌症等慢性疾病更难应对的一类疾病。因为认知上的原因，老年人一般不会把自己的负面情绪袒露出来，而往往是通过自我克制和压抑来进行消减，只有在病情严重影响生活质量时才去医院就诊，导致被诊断为抑郁症的时间比发病晚数年，诊断抑郁症时病情往往比较严重，极大影响老年人群的健康和生活质量。

因为心理疾病的诊治属于劳动密集型工作，目前的医疗行业在诊治抑郁等心境障碍疾病方面面临精神卫生资源严重不足的局面。根据世界卫生组织的报道，大约有 8 成的抑郁症患者未被识别，已被确诊的抑郁症患者中，约有 9 成未得到系统和规范的治疗。老年抑郁症患者更面临着心理健康教育缺失、治病困难、病耻感强等问题，使得老年人的抑郁也日益成为公共健康问题。

本章主要讨论老年人的定义、老年人的心理特点，重点关注老年人的抑郁症的识别、预防及管理策略，为老年人群的心理健康创造良好的支持性环境。

一、“老年人”的定义

“老年人”和“老龄人”是有区别的两个概念，对“老年人”除了按照“出生年龄”定义外，还有其他 3 种定义方式，只有按照出生年龄定义的“老年人”才称为“老龄人”。下面分别介绍“老年人”的 4 种不同定义方式。

1. 按照出生年龄定义的“老年人”

世界卫生组织提出的老年人划分标准是 60 ～ 74 岁的人群称为年轻老年人，75 岁以上的才称为老年人，把 90 岁以上的人群称为长寿老人。此外将 44 岁以下的人群称为青年人，45 ～ 59 岁的人群称为中年人。西方国家把 45 ～ 64 岁称为初老期，65 ～ 89 岁称为老年期，90 岁以上称为老寿期。发展中国家规定男子 55 岁，女子 50 岁为老年期限。根据我国的实际情况，我国规定 45 ～ 59 岁为初老期，60 ～ 79 岁为老年期，80 岁以上为长寿期。我国历来称 60 岁为“花甲”，并规定这一年龄为退休年龄。同时由于我国地处亚太地区，这一地区规定 60 岁以上为老年人。我国现阶段以 60 岁以上为划分老年人的通用标准。

2. 按照生理年龄定义的“老年人”

生理年龄是指以个体细胞、组织、器官、系统的生理状态、生理功能以及反映这些状态和功能的生理指标确定的个体年龄。生理年龄可分为 4 个时期：出生至 19 岁为生长发育期、20 ～ 39 岁为成熟期、40 ～ 59 岁为衰老前期、60 岁以上为衰老期。按照生理年龄定义，一般 60 岁以上的人被认为是老年人。生理年龄的测定主要由血压、呼吸量、视觉、听觉、血液、握力、皮肤弹性等多项生理指标来决定。

因此，生理年龄和出生年龄的含义不同，并且常常不同步。举个例子，出生年龄 60 岁的人，可能生理年龄只有 50 岁左右，这种情况下，按照出生年龄定义的“老年人”，在生理年龄上可能还是“中年人”。当然，也有相反的情况，有些出生年龄为 50 岁左右的中年人，但在生理和心理上衰老比较厉害，看上去很显老，称为生理意义上的“老年人”。

3. 按照心理年龄定义的“老年人”

心理年龄是根据个体心理学活动的程度来确定的个体年龄。心理年龄是以意识和个性为主要测量内容。心理年龄一般分为 3 个时期：出生至 19 岁为未成熟期，20 ～ 59 岁为成熟期，60 岁以上为衰老期。心理年龄 60 岁以上的人被称为是老年人。心理年龄与出生年龄的含义也不一样。出生年龄为 60 岁的人，他的心理年龄可能只有 40 ～ 50 岁。

生理年龄和心理年龄越来越受到重视，如果一个人的生理年龄和心理年龄已经极度衰老，并且靠大量的药物和现代医药手段来维持其寿命（出生年龄），这种寿命称为不健康寿命年。

4. 按照社会年龄定义的“老年人”

社会年龄是根据一个人的“社会功能”或者与其他人交往的角色作用来确定的个体年龄。人从出生就开始了与他人的交往，随着年龄越大，社会角色的不断转换，交往的人越来越多，也越来越复杂。一个人随着他的社会地位的提升，在社会中所起的作用越大，社会年龄越成熟。退休之后，也就是按照出生年龄，已经到了衰老年龄，老年人的社会地位和社会作用均降低了，但参与社会交往不能结束，要继续参与单位、社区、社团等的活动，接受各种社会信息，继续发挥自己的一技之长，以维持社会年龄的正常延续。

尤其是在全生命周期视角下，对“老年人”社会角色的定位需要进行新的调整。随着年龄的增长，人们在体力甚至智力上开始日渐衰弱，需要获得他人的照料和支持。但老年人可以更多被视为社会财富和重要的人力资源而非“负担”，老年人可以更全面持久地参与社会发展、共享社会发展成果。要实现此愿景，除了相应政策的制订和调整外，还需要为中老年劳动力的就业（包括经济活动及各种志愿和社会服务）创造条件，提供政策保障，改革中国的教育体系，使之真正成为适应老龄社会的、为所有年龄人口提供终身学习机会的体系。

二、健康老年人的心理标准

从心理学角度来讲，健康老年人的标准：①智力标准；②情绪健康、意志健康、行为协调；③环境适应、人际关系适应、反应适应；④有幸福感；⑤在日常生活中或工作中能充分、有效发挥自己的能力。具体表现在：①有充分的安全感；②认知客观、合理，能客观合理地自我评价；③生活的目标切合实际，在不危及社会规范的情况下，能恰如其分地满足个人的基本要求；④与外界环境（人际关系）保持良好的联系，适应能力强；⑤保持人格的完整和谐；⑥具有学习能力；⑦适度的情绪表达与控制，心理康复能力强；⑧在不违背社会团体的要求下，能发挥个性。

三、老年人心理老化的表现

老年人心理老化的主要表现：①已经没有任何创新的愿望，而且经常感到空虚乏味；②认定自己属于时代的落伍者；③对需要付出较多脑力的工作，越来越感到力不从心；④自感办事效率明显变低；⑤对生活的繁杂之事感到厌烦甚至恐惧；⑥平日里的一切活动都是以自己为中心进行的；⑦常不厌其烦地向别人提起自己的往事，全然不顾人家愿不愿意听；⑧当生活不如意时，常常怨天尤人；⑨当面临突发事件时，会不由自主地感到紧张无措；⑩对发生在自己身边的事情视而不见，反应冷漠。

四、老年人的情绪障碍及应对

相比于其他年龄层次的人，老年人的情绪主要表现为易产生消极情绪、情感表达方式更为内敛、情感体验深刻而持久以及情感体验相对敏感四个方面的特点。

老年人情绪障碍的主要表现：①失落孤独难以排遣，尤其是老人退休后，容易在心理上产生失落感，经常会觉得人在家里心却在办公室，也容易感到人情冷暖，世态炎凉，继而产生不甘心、不安心的心理状态；②多疑；③焦虑易怒；④抑郁症的发作，表现为情绪压抑、沮丧、痛苦、悲观、厌世、自责自罪，甚至出现自杀倾向和自杀行为。

针对老年人情绪障碍的前三个方面，可以采取的应对策略：①针对老年人的失落孤独感，可以适当给老人分配点任务，让老人忙碌起来，且忙得有价值，让老年人多参加社区或者集体活动，加强老年人与外界的联系，子女们要常回家看看。②针对多疑，老年人应尽量将注意力从自身转向外界，从家庭转向社会，包括参加体育锻炼和从事一定的体力劳动，以加强社会交往，增强人际关系，扩大自己的活动范围，发展自己的兴趣爱好。③针对焦虑和易怒，要让老年人多了解点医学常识，比如，老年人经常生气恼怒，会使交感神经兴奋而导致血压升高，引发心脑血管意外。老年人长期闷闷不乐，沮丧恐惧，会导致肾上腺皮质激素分泌增多，胃酸增加，胃病高发。长期心情郁闷或遭受过重大的情绪挫折，致使大脑处于紧张状态，人体免疫功能减弱，癌症的风险也增加。中医所谓“怒伤肝、思伤脾、忧伤肺、恐伤肾”说的也是这个道理。不良情绪导致的交感神经常常处于亢奋状态，使体内释放大量去甲肾上腺素、肾上腺素等活性物质，导致加速代谢，可造成心肌缺氧，加重心脏负担，从而导致冠状动脉痉挛、心绞痛、心肌梗死等疾病的发生等。针对抑郁，接下来将进行重点讨论。

五、认识老年抑郁症

早在 1917 年，弗洛伊德在其发表的一篇文章中对抑郁进行了较为深刻的描述，这种观点目前仍然被一些心理学家接受。弗洛伊德认为，如果一个人经历重大创伤事件后，比如亲人去世或者是恋人的离开，往往会比较伤心和悲痛，如果没有经历足够的哀伤，甚至这种感觉被压抑下去，就会转化为抑郁。抑郁是把攻击和愤怒转向一个人内在的结果。抑郁者一般都充满着对自我的责备、否定、诋毁和自我攻击。人的攻击性一般分为两种，一种是向外攻击，是指对外界的人或物的攻击、嘲笑、愤恨等；一种是向内攻击，即自我攻击，是指内在的嫉妒、内疚或者自责，自我行为或情绪的压抑，甚至是自残或者自杀等。

一般情况下，一个人生活中遭遇重大事件后，一开始往往没有办法接受，但随着时间推移，会逐渐接受和接纳。伤心和悲痛持续的时间因人而异，一般经过 1 ～ 3 个月后会走出来，但是之后的岁月会时常想念或以各种不同的行为寄托哀思，这种行为可以理解为已经接受或接纳现实，是一个比较理想并且心智状态成熟的表现。但是，也有一些人，可能较长的一段时间都没有摆脱痛苦，此时就容易产生抑郁。抑郁是个体将对已经丧失事物的敌意转向内部，转向自我而形成的。抑郁者攻击转向了自身，以毁灭自己的攻击传递着对外界的愤怒。

患有抑郁症的老年人通常会经历明显的功能和生活质量下降以及情绪障碍，且自杀和疾病相关的死亡率高于非抑郁症患者。相比于其他年龄段人群，老年人的抑郁症通常是慢性的、持久的过程。抑郁症被认为是一种可治疗的医学疾病，尽管它肯定与衰老问题有关，但不是正常衰老的一部分。

发病年龄是老年抑郁症的一个重要概念，也是一个值得关注的重要问题。抑郁发病年龄分为早、晚两类。早年开始的抑郁症可能持续或反复发作，持续到老年。在早年发病的病例中，抑郁症状在整个病程中趋于相似。一些在晚年新发病的病例可能代表了不同的原因，比如大脑老化或疾病等。晚年发病的一个重要原因被认为与脑血管变化有关，又称为“血管性抑郁”。这些患者似乎更有可能出现认知功能障碍（特别是执行功能的丧失），语言流畅性降低，精神运动发育迟缓，功能丧失和快感缺乏症。不过，老年抑郁症患者似乎不太可能有抑郁症或精神疾病家族史。

晚年抑郁症通常发生在多种医学疾病的背景下。通常，老年抑郁被错误地归因于衰老过程本身，或被视为对失去（比如亲人离去）或疾病的正常反应。老年患者也可能关注与抑郁症相关的身体症状，而将疾病引起的情绪表现弱化，因而，老年抑郁很容易被忽视，“隐性抑郁症”描述的就是这种情况。“病耻感”是经常被听到的词语，如果老年人被诊断为抑郁症，相当于被贴上了“精神病”标签，会感到不舒服。明显患有抑郁症的老年患者可能会将自己的症状描述为“焦虑”或“感觉不好”，而不是“悲伤”，这种情况又称为“没有悲伤的抑郁”。因此，当前老年人的抑郁症可能会被忽视、“误诊”或“漏诊”。

六、老年抑郁症的判断

老年抑郁是指 60 岁以上人群发生的抑郁，是老年人最常见的精神心理障碍，通常以药物和心理治疗为主，有治愈的可能，但复发率较高。遗传因素、患者本身的性格特点、躯体疾病、生活应激事件以及因为衰老而产生的神经系统病变等都与老年抑郁的发生有关，主要症状为持久的抑郁心境、思维迟缓、精力差、兴趣减退等。其中躯体不适和认知障碍较为常见。老年抑郁症严重影响老年人的生命质量和生活健康，严重者出现自杀倾向。

老年抑郁根据病因不同、发病时期不同和症状不同可分为 3 类：①原发性老年抑郁障碍，包括青年或成年期发病持续至老年、老年期复发的抑郁，以及在老年期才起病的抑郁；②继发性老年期抑郁障碍，躯体疾病、器质性疾病、精神活性物质滥用或物质依赖等所致的老年期抑郁障碍；③特殊类型的老年期抑郁障碍，指的是老年期的双相障碍发作和老年期恶劣心境，也称为慢性抑郁障碍。

老年人抑郁的典型症状主要包括：①情绪问题，老年人对忧伤情绪往往不能很好表达，常常诉说心里难受、焦虑、情绪脆弱；②兴趣减少，以前的很多兴趣或者关注的事情不再在意，以前认为快乐的一些活动也感受不到快乐了，甚至不愿参加活动；③精力不足或疲劳，患者时常感到疲劳，严重者抱怨疲惫不堪，甚至不能做任何事情；④躯体症状及疾病，患者可能因疼痛（头痛、胸痛、胃痛等）、厌食、腹胀等消化系统症状，乏力、多汗等自主神经系统症状就诊，但详细检查后发现无实质性病变；⑤食欲减退或增加，患者常常无饥饿感，即使进食也食之无味，多伴有体重下降的现象，也有少部分食欲增加，吃得更多，对某些食物有特殊的偏好；⑥口干和便秘也是常见的症状；⑦睡眠障碍，表现为入睡困难、醒后很难再次入睡，一天中睡觉次数多，睡眠紊乱；⑧激越或动作迟缓，患者言语减少，严重者不言不语，常伴有焦虑或激动，不停地走动，内心惶恐不安；⑨无价值感或内疚感，自我评价低，贬低自己的价值，感觉自己活着就是给亲人添麻烦等；⑩注意力不集中，容易分散注意力，记忆力下降，容易忘事；⑪ 自杀倾向，患者因时常伴发疑病和虚无妄想、激越、持续失眠、罪恶感等易产生自杀的想法或行为。

七、老年抑郁症的管理

1. 老年抑郁症的治疗视角

老年人的抑郁症通常是慢性的，但也被认为是一种可治疗的医学疾病。关于抑郁的治疗，心理学家塞利格曼基于研究的实践提出了两种视角，一是治疗的视角，其目的是帮助患者的病情由坏向正常的方向转变。塞利格曼研究发现，这种视觉下的治疗，抑郁症的治疗效果能达到 65%，但是容易复发。二是发展的视角，其目的是帮助情绪正常的患者向好的方面转变，这种视角下的治疗，塞利格曼的研究表明，采用积极心理学方法治疗的患者，无复发率达到 55%，采用普通心理学治疗的患者，无复发率只有 20%，采用心理治疗联合药物治疗的患者，无复发率仅 8%。

2. 老年抑郁症的治疗考虑

老年人的抑郁通常与多种躯体疾病共病。中风、糖尿病、癌症、慢性肺部病、阿尔茨海默病、帕金森病、关节炎和骨折都与抑郁症状或抑郁症有关。内分泌疾病，如甲状腺功能减退、肾上腺轴的衰老相关的改变和睾酮水平的降低，可能在某些情况下发挥作用。体重减轻通常与老年人的抑郁症有关，并可能导致他们更容易患上其他躯体疾病。抑郁症和疾病之间的相互作用可能是双向的。抑郁症可能导致某些心血管疾病的发病率和死亡率增加，然而，目前还不完全清楚使用抗抑郁药治疗是否一定会改善这些结局。老年人使用的许多常用的处方药物可能会导致抑郁症状，比如癌症 / 抗肿瘤药物、糖皮质激素、抗帕金森药物、甲氧氯普胺、干扰素以及各种心血管和抗高血压药物等。因此，对抑郁症患者进行评估时，应全面审查患者的药物清单，包括非处方药物的适用情况。

老年抑郁症是一种可治疗的疾病，应该尽可能早期识别和治疗以期达到缓解的目标。80% 以上的患者通过适当的治疗可以从抑郁发作中恢复过来。成功的治疗可以显著改善老年患者整体功能和生活质量。老年人重度抑郁症的功能损害程度不亚于心力衰竭或慢性阻塞性肺疾病。抑郁症的治疗包括药物治疗、电休克治疗（electroconvulsive therapy，ECT）、心理社会治疗以及相关医疗疾病的治疗，也支持体育活动以及光疗（特别是季节性抑郁症）。在病情恶化、紧张或强直症患者中，兴奋剂（如哌甲酯或安非他明制剂）单独用药或与其他抗抑郁药联合使用，可能对患者有帮助。兴奋剂的使用需要严格的医疗评估和监测。尽管有人担心兴奋剂对心血管或精神可产生潜在影响，但这种情况很少发生。抑郁症患者食欲抑制和睡眠障碍问题较为常见。需要注意的是，尽管抑郁症患者积极配合治疗，但可能存在耐药现象，即患者对药物治疗不敏感，甚至有可能遭受精神药物的负面影响。

3. 老年抑郁症的药物治疗

药物治疗是除心理治疗外唯一疗效确切的治疗抑郁症的主要方法，尽管多种药物可以用于老年抑郁症的治疗，但目前还没有一种治疗老年人抑郁症的首选药物。

三环类抗抑郁药是最早用于临床的抗抑郁药，通过抑制特定脑区神经组织突触前膜对 5- 羟色胺（5-HT）及去甲肾上腺素（NA）的再摄取，提高突触间隙中 NA 和 5-HT 的浓度，进而改善突触的传递功能，发挥抗抑郁作用。三环类代表性药物有多塞平、阿米替林和氯丙咪嗪等，此类药物不良反应多，耐受性差。常见的不良反应包括口干、便秘、嗜睡、乏力、视物模糊、心律失常、肠麻痹以及麻痹性肠梗阻等。

四环类抗抑郁药与三环类抗抑郁药作用效果相似，代表药物有马普替林和米安色林等，常见的不良反应包括口干、便秘、视力进行性模糊、排尿困难、眩晕和心动过速等拮抗胆碱能系统的症状，以及直立性低血压、皮疹和心电图异常等不良反应，偶尔有癫痫发作和中毒性肝损害等。

单胺氧化酶抑制剂也是一类进入临床较早的抗抑郁药，此类药物通过可逆性抑制脑内 A 型单胺氧化酶、抑制突触前膜内囊泡或突触间隙中儿茶酚胺降解，从而提高脑内 NA、5-HT 和多巴胺的水平，发挥抗抑郁作用，具有作用快速、停药后单胺氧化酶活性恢复快的特点，在抗抑郁、抗缺氧方面疗效比较显著，尤其可以适用于伴有心、肾功能障碍的老年抑郁症患者。此外，此类药物还能改善睡眠质量，对警惕性或短长期记忆基本无影响，并可减少对识别功能的作用。该类药物用于临床抑郁症治疗的有吗氯贝胺，其常见的不良反应为拟 NE 和 5-HT 效应，有恶心、口干、头痛、头晕、出汗、心悸、失眠、直立性低血压等症状。

神经递质再摄取抑制剂，包括选择性 5-HT 再摄取抑制剂、5-HT 和 NA 再摄取抑制剂、去甲肾上腺素能和特异性 5-HT 能抗抑郁药、去甲肾上腺素能与多巴胺再摄取抑制剂和 5-HT2A 受体拮抗剂及 5-HT 再摄取抑制剂五大类。

上述 5 大类神经递质再摄取抑制剂的基本特点包括：①选择性五羟色胺再摄取抑制剂（SSRIs）可抑制突触前末梢的血清素转运蛋白，抑制 5-HT 再摄取，增加中枢 5-HT 浓度，激活多个大脑区域突触后 5-HT 受体，导致血清素信号发生变化，从而使抑郁症得到缓解。此类药物的代表药有氟西汀和帕罗西汀等，临床主要不良反应有口干、恶心、厌食、便秘、头痛、震颤、疲劳和失眠等。②选择性五羟色胺再摄取抑制剂（SSRIs）和 NA 主要通过促进 5-HT、NE 这两种神经递质的再摄取，有助于增强抗抑郁作用，同时具有 5-HT 和 NE 双重摄取抑制作用，在高剂量时还对多巴胺产生摄取抑制作用。此类药物的代表药有文拉法辛和度洛西汀等。文拉法辛的安全性较高，常见的不良反应有疲劳、头痛、嗜睡、出汗和紧张等。度洛西汀常见的不良事件有恶心、头痛等，一般发生在治疗前 1 周，无须特殊处理，多数患者可耐受。③去甲肾上腺素能和特异性 5-HT 能抗抑郁药，属于新型抗抑郁药，其代表药米氮平可拮抗肾上腺素的 α_2 受体和 α_2 异受体以及阻断 5-HT2 和 5-HT3 受体，并增强去甲肾上腺素的释放和 5-HT-1A 介导的 5-HT 传递，这种双重作用可能是米氮平快速作用的原因。米氮平可以增加患者的慢波睡眠时间，提高他们的睡眠效率。常见的副作用包括体重增加、食欲增加、嗜睡和镇静。④去甲肾上腺素能与多巴胺再摄取抑制剂，主要是通过抑制多巴胺以及 NE 的再摄取，发挥抗抑郁作用，较少影响 5-HT 的神经传递功能。代表药安非他酮也是一类新型抗抑郁药，常见不良反应包括躁动、焦虑和失眠等。⑤ 5-HT2A 受体拮抗剂及选择性五羟色胺再摄取抑制剂（SSRIs），能够选择性地拮抗 5-HT 的再摄取，且有较弱的阻滞 NA 再摄取作用，但对多巴胺、组胺和乙酰胆碱均无作用，亦不抑制脑内单胺氧化酶的活性。代表药有曲唑酮，主要临床副作用为疲劳、嗜睡、头昏、失眠、神经质和震颤、口干、便秘和视物模糊等。

（张颖　闻俊毅）

第二节　理性情绪行为疗法

在第三章的第二节我们详细介绍了美国临床心理学家阿尔伯特·艾利斯的情绪管理 ABC 理论，本节重点介绍他基于 ABC 理论于 1995 年推出的理性情绪行为疗法（rational emotional behavior therapy，REBT）。该疗法如今在全世界范围内广泛实践，备受学术界的推崇。

艾利斯认为，每个人都希望幸福地活在这个世界上。然而，很多人却没有意识到：幸福不是由外在事物或外在环境创造的，而是我们对事件以及对自我的认知创造了幸福；那些可以控制自己情绪和行为的人，即使面临困难，也会有更大的机会体验到更多的快乐，较少的痛苦，并保持健康稳定；他们会选择以理性现实的方式并以能够自我提升的方法思考问题，借此产生了恰当的和健康的情绪和行为结果；人们如果以非理性、不正确的方法去思考、感觉和行动，就不会实现或获得幸福。

理性情绪行为疗法理论的 3 个基本点包括：无条件接受自我、无条件接受他人和无条件接受生活。理性情绪行为疗法理论认为造成人们焦虑的基本原因或非理性观念的关键在于：人们的心里产生了大量的“绝对必须的想法”，因此该治疗方法的核心是改变核心的非理性观念，无条件接纳自我、他人和生活。

理性情绪行为疗法是一种以认知为基础的多元模式治疗方法。该治疗方法不仅包含多种识别、研究和改变非理性行为的思维方法、情绪方式和行为技术，还涉及丰富的哲学原理，体现了多元性和整体性。该方法认为改变消极的倾向和行为并达到预期改变目标需要踏实工作和实践。

本节主要从实践的角度探讨该理性情绪行为治疗的原理、该治疗方法在使用上的一些要点、技巧和注意事项。

一、理性情绪行为治疗的原理

治疗师在开展咨询和治疗业务时，要求以简单、清晰、易懂的语言向来访者传授减少痛苦、享受生活的知识与技能，并鼓励来访者将知识和技能应用于生活的实践中。为了帮助来访者达成治疗的目标，首要的一个步骤就是治疗师需要告诉来访者理性情绪行为疗法是什么以及基本原理。下面介绍理性情绪行为疗法包含的几个基本原理。

原理一，引发我们情绪和行为的不是诱发事件本身，而是我们对诱发事件的认识和态度。也就是说，人们之所以痛苦或烦恼，并非只是因为生活中发生的不幸事件（A），也包含对不幸事件的感受、信念和行为（B），A 和 B 结合在一起，导致了困扰情绪或不困扰情绪的结果（C）。结局 C 的部分原因是对不幸事件 A 的反应 B 造成的。

原理二，要全面看待思维、情绪和行为之间的相互关系和内在联系。具体来讲，引发结果 C 的 B（对不幸事件的反应）中包含思维、情绪和行为。举个例子，假定有人诬陷、诽谤你作风不良、道德败坏（A），你感到极其愤怒，找上门理论并报复性地打了对方一顿（C）。造成你愤怒和报复性行为（C）的不全是别人的诬陷和诽谤（A），还有你对事件的看法（B）。因为你可能会想："他或她完全是在造谣，不应该这样说我，对待我，可恶的家伙，坏透了，简直是蛇蝎心肠，我对他或她已经忍无可忍了。"同样一件事情，如果你这样想："他或她老是玩同样的把戏，我简直替他或她感到累，多行不义必自毙，我都懒得理了，清者自清，明者自明。"这时你尽管有些沮丧或不愉快，但都是对不开心的事情的良性反应，与不良的不正常的愤怒是有差别的。

原理三，人类生来就有理性和非理性两种思维方式。宋代禅宗大师青原行思提出了人生的三重意境：参禅之初，看山是山，看水是水；禅有悟时，看山不是山，看水不是水；禅中彻悟，看山还是山，看水还是水。不同的人对此有不同的禅悟。有的人将这三句话分别与人生的三个阶段（少年、中年和老年）对应起来，认为很多事情，经历多了，阅历丰富了，就逐渐淡然了。佛教中说：人生来就有开化和蒙昧两种状态。对一件事情（A），因为起初的一些不正常或者非理性的想法、情绪或行为（可能是人的本能反应或生物特性）（B），可能导致了不良的后果或者极端情绪的产生（C），但随着理解的深入以及他人的帮助和开导（习得特性），B 中的一些非理性思维可以得到纠正或修正，使得结局（C）朝向良性方向发展。正是由于人的生物特性和习得特性，人生不断在非理性与理性中螺旋式循环。

二、理性情绪行为治疗的要点

1. 合理评估诱发事件

情绪管理 ABC 理论中的 A 代表诱发事件，这个概念看似很简单，实际上却很复杂。因为诱发事件 A 可能是构成来访者所处的大环境中的一部分。当来访者向你描述你希望得到的诱发事件 A 时，可能是在谈论大环境或者局部事件，而没有真正聚焦于导致他们情绪困扰的那个真正的 A。可能的原因有两个，一种是来访者有意而为之，另一种是来访者对自己所觉察到的事物的推断和演绎。举个例子，一个教授在某高校的大礼堂做讲座，下面的听众不时发出各种怪叫声，这种情况在其他高校做讲座的时候也发生过，教授认为听众感觉到他的讲座很无聊，这让教授很愤怒。当教授告诉咨询师这些时，实际上教授所描绘的场景可能不是一个现实的场景，而是他所认为的或者推断出来的，属于复杂推断链的一部分。当咨询师碰到这类情况时，需要帮助受访者识别出纠缠在推断链中的最本质的部分。

2. 辨别理性与非理性思维

理性情绪行为疗法中，帮助来访者区分非理性思维（信念）和理性思维（信念）是非常重要的一个步骤。

一般而言，非理性思维（信念）具有顽固死板、极端、损人利己、不合逻辑以及不符合现实的特点，往往表现为一种僵化的信念（比如“我理应得到认可”“我必须被认可”）、糟糕至极的信念（比如“如果得不到认可，对我而言就是世界末日”）、不适的不容忍性信念（比如“我不能容忍不被认可”）或者贬低性信念的形式（比如自我贬低：“如果我不被认可，我将毫无价值”；贬低他人：“如何你不认可我，你就是有眼不识泰山，狗眼看人低”；贬低生活：“如果我不被认可，我的生活将一无是处”）。

而理性信念是灵活的、不走极端的、符合逻辑的、符合现实的，并且有助于自我提升和健康人际关系的发展，通常表现为灵活的信念（比如“我想获得赞许，但并不是我必须被赞许”）、非可怕化的信念（比如“不被认可很糟糕，但并不是世界末日”）、不适的容忍信念（比如“确实很难面对不被认可，但是我能容忍”）以及接纳自己的信念（比如“我不被认可，但我仍然能接纳自己”“即使你不认可我，我仍然能接纳你”和“接纳生活，生活虐我千百遍，我待生活如初恋”）。

艾利斯指出，教给来访者关于理性信念与非理性信念详细完整的区分非常重要，不仅要告诉来访者什么是理性信念，更重要的是帮助来访者区分给他们带来困扰的一些非理性信念。表 4-1 列出了一些常见的区别，可以作为治疗师或者来访者的参考。

表 4-1　非理性思维和理性思维

非理性思维	理性思维
迫切希望得到他人的认可和喜欢	思想集中在无条件自我接纳，做到欣赏自己、认可自己和喜欢自己
认为别人的行为是错误的、恶劣的、卑鄙可耻的，具有这些行为的人坏透了，该死	认为别人的行为不合适、比较可恶，具有这些行为的人最好适当地约束或处理一下自己的行为，而不应该诅咒别人该死、坏透了
事情如果没有朝预计的方向发展，就认为是糟糕的、可怕的、灾难性的	事情如果没有朝预计的方向发展，分析原因，尝试着做出改变，可能会使事情朝着希望的方向发展，如果不能控制或者改变一些影响因素，坦然接受
不允许不合意的状况存在，因为它直接会引起困扰	人生不如意十之八九，生活中不可能事事如意，生活中的很多不如意是因为看待事情的方式造成的，而不是事情本身所致
如果有些事情也许或者确实危险、可怕，你必定会特别担心	如果事情确实危险、可怕，不要否认它的存在，尽可能坦然面对它，或许没有你想象的那么可怕，或者转移注意力，专注于其他的事情
一定不能让自己有麻烦，自我逃避比面对生活中的困难和责任容易得多	当遇到困境或麻烦时，逃避不能解决问题，可能还会导致更大的麻烦，直接面对可能是解决问题的最好途径
生活中处处充满了难处，需要依靠一个比你更强更大的人或物	面对生活中的困境或难处，激发自己独立的潜能，相信自己的能力，学会从自身寻找安慰
在任何可能的方面，应该都能胜任，力求做到最好，并且有所成就	有些事情，可以尽可能尝试着努力做好，但不要要求做到最好或者一定要成功，要接受自己的不完美以及自己的不足之处
有些事情已经强烈地影响了你的生活，这些事情还会不定期地影响你	努力尝试从过去的经历中吸取教训，但不能过于受其影响，更不能对其产生偏见
这件事他们绝不能那样做，我应该改变或者阻止他们，让他们按照我的方式去做	他人的不足大部分是他们自身的问题，要求别人做出改变可能对他们没有帮助，除非他们自己想要改变
人们可以通过懒惰或无为获得幸福，比如靠家庭背景或者傍“大款”	只有当人们以健康和积极的心态，投身于学习、工作和事业中，能为家庭和社会做出贡献，才能获得真正的幸福
人们不能控制自己的情绪，不能控制自己的胡思乱想	如果努力对抗、致力于去改变引起不健康想法的非理性信念，情绪是可以完全得到控制的

3. 区分健康和不健康的消极情绪

根据理性情绪行为疗法理论，不健康的消极情绪（比如焦虑、抑郁、内疚、羞愧等）来源于非理性信念，而健康的消极情绪（比如担心、悲伤、懊悔、失望等）发生于人们持有的与诱发事件 A 中的逆境有关的理性信念。作为咨询师，你需要做的是识别出来访者不健康的消极情绪，并将这些消极情绪视为阻止来访者过去健康生活的因素，并建议来访者将它们作为改变的对象。

需要注意的是，当咨询师在帮助来访者分析他们存在的不健康的消极情绪反应时，来访者可能存在不同的看法，并且认为这些情绪反应是合理的且必要的。这时，咨询师不能被来访者带偏了，需要花时间和智慧帮助来访者理解他们认知上的一些误区。

因此，咨询师有必要帮助来访者区分“不健康的消极情绪”以及“健康的消极情绪”，并且告诉来访者有办法进行区分，因为“不健康的消极情绪”源于或者关联于“非理性信念”，而“健康的消极情绪”源于或者关联于“理性信念”，在上面的内容已经探讨了如何区分“非理性信念”和“理性信念”。表 4–2 列出了区分健康的和不健康的消极情绪的一些要点。

表 4–2 “健康的消极情绪”与“不健康的消极情绪”

比较点	“健康的消极情绪”	“不健康的消极情绪”
担心与焦虑	担忧者：“我希望这件事能办成，如果没办成，我不满意，觉得遗憾。”	焦虑者：“我必须这么做，如果我不这么做，那就太可怕了。”
伤心与抑郁	悲伤者：“失去亲人是不幸的，对此我很难过，但这是生活的一个方面，并不可怕。”	抑郁者：“我永远失去他了，我受不了，真的太可怕了。”
不满意与内疚	当一个人意识到自己做了错事，不满意者：“尽管我平时就是一个容易犯错的人，但我对这次的错误感到不满和后悔，不过我能接受现实。”	当一个人意识到自己做了错事，内疚者：“我真是个烂人，这次表现真糟糕，我怎么会犯这样低级的错误，太可怕了！”
不满意与羞耻	当一个人做了件愚蠢的事情，对自己不满意的时候，不满意者：承认自己的行为很愚蠢，但也接受自己，并且不完全否定自己。	当一个人做了件愚蠢的事情，对自己不满意的时候，羞耻感者：我真为自己感到羞耻，我居然能干出这种蠢得不能再蠢的事情，我无法容忍。
生气与愤怒	当一个人对另一个人的行为不满，生气者：“我希望这个人不要这样，我不喜欢他的行为，但他这样做我也没有办法，可能他有自己的想法。”	当一个人对另一个人的行为不满，愤怒者：“只有垃圾人或傻子才能干出这等破事，篱笆扶不上墙，垃圾！”

三、理性情绪行为治疗的内化

以上从心理咨询从业者的角度介绍了理性情绪行为治疗需要注意的问题及要点，接下来的内容，将从一个学习者或者希望从理性情绪行为治疗中获益的个体的角度来探讨需要达到的目标。

1. 无条件接受自我

什么是无条件自我接纳？什么是自我接纳？如何接纳自己？实际上是一个很难解释清楚的问题。

艾利斯给出的“自我接纳”的定义是：自我接纳意味着个体完全无条件地接纳自己，不管他是否做出了聪明、正确或有能力的表现，不管其他人是否认可、尊重或喜爱他。这个概念包含的核心思想是：只评价或评估你的思想、感情和行为，而不对你本人和你的整体做评价。一次的失败，会带给我们怎样的感受，这完全取决于我们对这次失败的看法。当我们想象和认为这次失败带来的结果是极其糟糕和可怕时，我们会感到懊恼和后悔，责怪自己；但是，如果我们认为这次失败仅仅是一次失败，并且承认失败带来的糟糕的结果，而不把这个结果和失败与我们自身联系起来，不对自己本人做出评价，那么我们会产生一些诸如失望、沮丧的健康负面情绪，而不是自我攻击、自我贬低的不健康的负面情绪。

理解自我接纳的概念之前，首先需要了解“自尊”的概念。艾利斯认为：自尊是你根据两个主要目标来评价你自身、你的生命、你的个性、你的本质以及你的整体。这两个目标是：你的事业或工作是否取得了成功；你与他人是否融洽相处(是否得到他人的喜爱 / 尊重 / 认可)。当你的事业成功又被他人喜爱时，你评价自己“我是一个优秀的、有价值的人！”当你的事业不成功且不被他人喜爱时，你评价自己“我是一个失败者，是没有价值的人！”也就是说，如果你的自尊是建立在是否成功，以及是否被人喜爱的前提条件下，则这种自尊是一种有条件的自尊。与有条件自尊相对应的，就是无条件自我接纳(艾利斯给出的“自我接纳”的定义)。言下之意，自我尊重是有门槛的，但自我接纳人人皆可。做到了无条件接纳自己的人经常会对自己说“我做了一件坏事，而我不是一个坏人”“我有自私的表现，而我不是一个自私的人”以及“我考试失败，而我不是一个失败者”之类的话。

2. 无条件接受他人

“无条件接纳他人”是指在人际交往中，不论对方的身份、背景、经历、观点等如何，都能够毫无偏见地接纳对方，并给予尊重和理解。无条件接纳包括4个部分的内容，即尊重他人的差异、理解他人的观点、包容他人的过失和给予他人的支持。无条件接纳是一种包容和宽容的态度，能够有效地促进人与人之间的和谐关系。

无条件接纳要尊重他人的差异，不论是性别、种族、宗教信仰还是性取向等，每个人都是独一无二的存在。尊重他人的差异也意味着我们要放下偏见和成见，不轻易对他人进行评判。无条件接纳要理解他人的观点，因为经历和背景不同，每个人对问题和事物的看法都有所不同。通过理解他人的观点，我们能够建立更好的沟通和交流，促进共识和理解。即使我们不同意对方的观点，也要尊重他们的权利和自由表达的需求。无条件接纳要包容他人的过失。每个人都会犯错，这是人之常情。包容他人的过失不仅能够维持人际关系的和谐，还能够让自己保持内心的平静和宽容。在他人面临困难或挑战时，我们应该给予他们支持和鼓励，帮助他们克服困难，增强他们的信心和勇气。通过给予他人的支持，我们能够建立起互相扶持和帮助的人际关系。

3. 无条件接受生活

法国被誉为“世界短篇小说之王”的莫泊桑说过：“生活既没有你想象中的那么好，也没有你想象中那么坏。”堪称是对生活的彻悟。这句至理名言包含着3个方面的含义：①生活并不总是如我所愿；②没有理由要求生活必须如我所愿；③生活并不是必须让人满意的，但是生活永远不会是糟糕的，总归是可以承受的。

“无条件接受生活”并不意味着像一条咸鱼那样什么也不做，而是让我们积极、乐观、自信地面对生活，正确对待人生。为此，我们应该努力做到以下几点：①要对自己有信心，每一个人的人生或多或少会遇到一些烦恼或者不愉快的时候，这是人生的常态，我们要对自己有信心，“行如逆水行舟，不进则退”是对自信心的一种诠释；②要有面对困难的勇气，当我们遇到逆境或者不顺利的时候，勇气和毅力可以帮助我们冷静分析原因，思考解决的办法和途径；③要学会思考，思考可以让我们更好地去规划自己的人生和生活，而不是无目的、无意义的像无头苍蝇那样乱撞；④要学会从不同的角度看待生活，看待问题的方式和方法以及角度不一样，导致人们对待生活的想法和观念有差异，多角度地看待生活能够更好地体现人生的意义和目的；⑤要努力从自己和他人的经历中汲取经验，在生活道路上，积极学习和借鉴前人和他人宝贵的经验和生活智慧，以及从自己的成功和失败中不断总结经验和教训，是人生的大智慧，也是正确对待生活的态度；⑥要积极探索和实践，生活的目的就是不断尝试和实践一些自己很少做过的事情，当你试着去做了，可能会发现并没有自己所想的那样困难，也可能发现比自己想象的困难得多，如果没有尝试和践行，你永远体验不到做一件事情的艰辛、意义和收获。

（唐成武　姚琦崴）

第三节 情绪障碍的运动治疗

大量心理学的研究结果表明：当我们因为生活艰难苦苦挣扎时，拥有从困境中脱身的身体技能也会对我们的心理能力的发挥和情绪的调节有很大的作用，也就是说，成为你身体的主人可能会帮助你成为你心灵的主人。言下之意，无论你是健身爱好者还是平凡普通的人，都应该具备在必要时能够拯救你生命的身体力量和敏捷性。举个例子来解释一下这句话的深刻含义。

一个从 3 岁就开始练习体操的杂技演员，花了 30 年的时间才实现杂技演员的梦想，似乎他 30 年的准备都是为了一个突然时刻的到来：有一天，他骑着摩托车以 40 千米 / 小时的速度追尾一辆汽车时，30 年来的梦想可能就在那一瞬间结束了。但是并没有，他的身体潜意识地帮助了他，在千钧一发之际，他蹬了一下摩托车，纵身一跃，越过了汽车，在地上滚了几圈后，在离摩托车残骸大约 10 米的地方站了起来。事故仅导致了他轻微的脑震荡、胸部软组织损伤，膝盖受伤稍微重些。不过，活过来对他来说已经是个奇迹了。

寿命的延长并不意味着身体力量和生命质量的整体水平也提高了，结果可能是正相反。寿命的延长可能与威胁事件（比如战争、自然灾害的应对能力增强）的减少和医疗保健水平的提高有关。英国的一项研究比较了 20 世纪 80 年代和当代 25 ～ 35 岁男性学生的握力，发现 20 世纪 80 年代的学生的握力可以达到 117 磅，而现代同龄人只有 44 千克，由此预测，下一代可能更糟。英国最近的一项研究对学龄前儿童的体质进行了评估，发现 10 岁孩子普遍比以前同龄的孩子瘦弱，自 1998 年以来，肌肉力量下降了 20%，肌肉耐力下降了 30%。随着时间的推移，身体变弱的速度正在加快，这种趋势自 2008 年以来尤其明显。分析其原因，久坐和负重训练不足是罪魁祸首。英国的这个现象可以认为是欧美大陆甚至全球的一个缩影。

身体力量的不足，与长寿和大脑的健康密切相关。长期的随访研究发现，无论身体的脂肪是否超标，无论做了多少有氧运动，肌肉无力意味着更高的死亡率。一项针对双生子长达10年的研究表明，中年时期拥有更强大的力量不仅意味着大脑有更多的灰质，还意味着10年以后拥有更好的记忆力和更敏捷的大脑，而反映肌肉力量的综合指标肌肉握力的大小则与海马体的健康密切相关。除此之外，身体力量的强壮更重要的是带给你的感受，比如更容易掌控生活、增强自尊、更有能力应对身体的情绪上的挑战。

本章将重点探讨运动和身体力量训练对情绪障碍性疾病的治疗益处。

一、我们为什么要运动

1. 不运动的大脑会退化

"用进废退"这个词的字面意思大家都懂，但用在理解运动、大脑和心智之间的关系方面，需要花费一定的体力和脑力劳动。为了更好地了解他们之间的关系，先举个关于海鞘的例子。幼年的海鞘形状像蝌蚪，有一个比较原始的大脑和一根横贯全身的神经索，浑身有用不完的能量，且靠着大脑和神经在海里四处游荡不嫌累。但是，一旦发现了可以方便着陆的岩石，就会附着在岩石上，从此安顿下来。安顿下来的海鞘因为不需要太多的能量用来游泳，身体的形状开始发生变化，并吃掉整个大脑和神经系统，头部鼓成了一个包，还有两根管子，一根用来进水（吸海水），另一根管子充当排泄系统，将吸进去的海水和代谢废物排泄出去。没有了大脑和神经系统的海鞘再也不需要做任何决定和换地方了。这个实例告诉我们，运动需要大脑和神经系统的支持，反过来也成立，运动有助于大脑和神经系统的发育。著名的哥伦比亚神经学家鲁道夫·利纳斯认为海鞘在生命之初有大脑是为了远离危险，在它们朝向更容易生存的地方移动的时候，它们随时用大脑捕捉信息进行决策。利纳斯认为，在没有计划的情况下运动太危险了。

神经系统运作在生物的进化史上一直是个谜！对于我们人类而言，大脑仅占身体体重的2%左右，却消耗着我们身体能量的20%～25%。人类的大脑虽然不算是生物物种大脑发展史上的巅峰之作，因为每一个物种都会按照适应其生存的方式，创造性地改造它们的大脑。但是，人类的大脑也算是一个比较极端的例子。人类大脑包含的神经元是我们的近亲黑猩猩的3倍，其中有860亿个神经元，神经元之间有超过100万亿种连接，人类的大脑确实是全世界最复杂的存在。

大脑之所以有如此多的神经元，主要是服从其功能的需要，大脑需要处理海量的信息。大脑要装下那么多的神经元，需要在结构上高度精密。大脑皮质通过众多或深或浅的沟回才能将大面积的大脑皮质塞进空间如此狭小的大脑。人类大脑的沟回比大猩猩、猫和狗多得多，大得多也深得多，有一种解释是说为了更好地思考。思考我们如何在复杂的环境中生存下去。为了维持大脑思考的功能，并且让我们大脑的思维更加发达，人类学会了觅食和烹饪，我们吃得越多，吸收的能量越多，我们的大脑也变得越来越大。变大的大脑使得我们更加有计划地做事，我们的生活越来越好。

2. 运动使得小脑更灵活

上述的解释忽视了一个重要的问题，即运动对大脑发展的影响。研究表明，我们和类人猿都是从猴子进化而来的。相比于猴子，类人猿体积更大也更笨重，面临的安全风险也更大。猴子可以轻而易举地抓住一根细小的树枝，从一个地方轻松地到达另一个地方，而类人猿则不行，稍微用力，一个树干或树枝就被弄折了。为了更好地生存，类人猿在长期艰苦的实践和训练中练习了一项“臂力摆荡”的本领，这项本领是通过曲臂悬垂的方式来提升他们的手臂和肩部的力量，也使得他们慢慢进化出了依靠臂力和肩部力量在树上荡来荡去的能力。

英国杜伦大学的人类学家罗伯特·巴顿（Robert Barton）认为“臂力摆荡”是一种复杂的运动方式，是一个百分之百定位准确、确保安全的计划。在树与树之间摆动需要一边运动一边进行快速思考，要快速计算每一个行动的结果。巴顿认为，为了进化出“臂力摆荡”的本领，大脑需要不断地适应，适应的结果就是进化出了新的大脑回路，这不仅改善了我们祖先的躯体运动技巧，还为人类的心理活动奠定了物质基础。

实际上掌管类人猿这种技巧性强、协调性强又要速度的运动项目靠的不是充满沟回的大脑皮质，而是看起来类似悬挂在大脑下方一个像菜花状的小区域。当类人猿开始在树上运动的时候，小脑就开始进化了，小脑进化和变大的速度远远超过了大脑皮质。大脑的回路看起来比较混乱复杂，而小脑则清晰得多，像是被精心打理的自家花园。小脑中负责快速传输的神经整齐有序地排列，这种结构使得小脑的结构更加精致。小脑的这种精致结构是为控制精细运动做准备的，小脑正是通过不断地训练而不断尝试新的更复杂的运动。

随着对小脑研究的不断深入，科学家们对小脑的看法也在不断发生改变。人们逐渐发现小脑不仅在运动中起作用，也在人类的思考和情绪控制中发挥重要的作用。小脑中存在许多不断进化更新的模块，这些模块与大脑皮质中负责规划和前瞻性思维以及调整情绪反应的额叶相连接，这些连接实际上是将认知、情绪和行为联系到了一起，为人类更加复杂的思维做着充分的准备。

3. 运动增加大脑的容量

小脑和大脑的功能和体积是在运动中逐渐适应性增大并逐渐优化其功能的。大脑中有个叫海马体的地方，主要负责空间的导航与记忆能力。一旦我们开始运动或锻炼，海马体就会做出反应，反应的方式之一就是生成新细胞，特别是那些能增加大脑记忆能力的细胞。产生新的神经元细胞只是大脑发育过程的一部分，大脑还会相应地生成更多的血管，这有助于将更多的养分和氧气输送给大脑，以帮助大脑更好地工作。因此，要让大脑更好地工作，除了运动，应该没有更好的办法。

4. 运动让我们心驰神往

运动、思维和情绪之间的联系很难通过进化论的观点去解释，但是它们之间确实存在联系。重温过去和畅想未来，天马行空的想象力和心驰神往的能力绝对是人类特有的本领。鲁道夫·利纳斯认为：思考和运动本质上是一回事，我们所谓的思考，其实就是进化了的一种内在运动。唯一不同的是，运动可以被观察到。

认知心理学家认为，心智是大脑的组成部分。大脑像一台计算机，神经元以及组成大脑的其他细胞（比如神经胶质细胞）是计算机的硬件，心智是计算机的软件。心智，汉语字典的解释为“头脑聪明，才智，智慧，脑力，神志”。心理学意义上是指一系列认知能力组成的总体。从字面意义上讲，“心”是心脏，是构成人体生理的重要器官。另一层意思，“心”指的是一个人的内心，即“里面的”“内在的”。“智”则是智力、智能之意。简而言之，心智是人们的心理与智能的表现，对人的生存发展起到重要影响。

也有科学家认为大脑不是一台计算机，而是网络中的一个结点，这个网络不仅包含了个体，还包含了个体赖以生存的环境。人的身体所了解的内容比我们想象的多得多，这依赖于人体强大的“本体感觉”，即我们的身体在周围空间所掌握的隐秘知觉。我们的身体在不撞击其他物体的情况下能四处走动，不用思考就能调整身体的平衡，这都是本体感觉的作用本能地决定我们位置的移动。

除了“本体感觉”外，我们的身体还有一种称为“内感受”的更神秘的感觉，这种感觉具有检测身体内部生理状态的能力。我们的身体的各项生理指标之所以能保持在一个安全的、有利于生存的范围，正是因为“体内稳态系统”的不断调整的作用。这项工作是一项持续性、需要不同系统的调节和信息沟通才能完成。身体持续的体内稳态过程，是人类自我意识的核心部分，也是自我体验每时每刻的核心要素。由于体内稳态的存在，我们可以通过“内感受”对正在经历的事情进行判断，体察自己正处于紧张状态还是放松状态。每个人的内感受力存在差异，内感力越强，越能知觉内在状态的变化，越能随时调整自己处于平衡状态。

大脑在内稳态的维持和心智的活动过程中扮演重要角色。大脑在心智活动中扮演的角色是负责汇总我们身体所有的内在体验，让整个心智系统理解我们所处的状态。脑岛是大脑皮质的一部分，在大脑的一个很深的褶皱里，在心智过程中起着重要作用。脑岛能将内感受的信息、本体感受的信息以及通过感觉器官收集的信息结合在一起然后向身体的其他部位进行传输。

神经科学家们将多种科学研究的发现综合在一起，提出了一个关于“心智”的整合性解释：心智是一个不断预测我们身体内外可能会发生什么并随之采取行动去调整的一个过程。运动是与这个世界互动并理解大脑运作最好的方法。

二、运动治疗情绪障碍的证据

1. 运动是治疗焦虑的药物

1977 年，德国精神病学家安德里亚斯·布鲁克斯首创性开展了一项随机对照试验以检验“运动治疗临床恐惧症的效果”。研究将 46 名至少患有轻度恐惧症的患者随机分成了 3 组，有规律运动组、氯丙咪嗪组（1 粒 / 天）和安慰剂组，进行为期 10 周的干预。试验结果：①最初 2 周，3 组的恐惧症状都有改善，药物组起效最快，也最显著；②运动组在前 2 周焦虑分数降低不显著，直到最后 4 周才出现明显降低，降低幅度较大；③随着试验的进行，安慰剂组的症状又回到了试验前；④第 10 周试验结束，运动组和药物组的疗效均显著，且两组疗效相当；⑤ 6 个月后的随访研究进一步证实了运动的疗效，运动组的患者最健康，焦虑得分最低。2005 年其他研究者开展的一项设计更加严谨的试验证实运动在短时间就能发挥显著疗效，与安静休息时相比，在跑步机上运动 30 分钟即可显著降低惊恐发作的次数，仅为休息时的 1/2。这两项研究得到了一个共性的结论，即运动治疗焦虑症疗效显著，但是两个研究的结论又存在明显的差别，即前一项研究证明“运动组起效缓慢”，而后一项研究却证明“运动起效快，立竿见影”。为分析两项研究中运动起作用时效差异的原因，研究者从布鲁克斯试验研究的设计入手，发现了原因。分析发现，布鲁克斯研究中运动组中除 1 人外，其余的人差不多都患有广场恐惧症，有些人还相当严重，患有广场恐惧症的人将户外运动看成一项“危险的行为”，让这些人遵从研究指令是很难的事情。为此布鲁克斯研究在设计运动组干预方案时采取了“让患者逐渐适应锻炼规则”的措施，即我们通常说的“循序渐进”的干预方式进行的试验。这两项试验证实了运动对焦虑的显著作用。随后的多项研究也证实了运动的抗焦虑疗效。甚至心脏病学家也注意到焦虑是心脏疾病的危险因素，并且证实了“体育锻炼可使焦虑症状的发生率降低 50% 以上”。

2. 运动就是一种抗抑郁药

从某些方面来说，运动的预防作用比治疗作用还要重要。抑郁症最初或者早期的症状之一就是睡眠障碍。无论你是起床困难还是入睡困难，抑或二者兼有，都可以简单理解为睡眠出现了问题。一旦睡眠出现了问题，你首先表现为丧失了活力，接着失去了对事物的兴趣，精神障碍的苗头就出现了，这时候预防性的解药就应该立刻用起来。最好的解药就是立刻运动起来，不要放弃。

如果你已经患有严重的抑郁症，感到自己处于深渊的底部，在医生的指导下进行监督性运动，也不失为一种治疗性手段。麦哈卡尔・特里维迪和安德烈亚・邓恩联合进行了一项研究，该研究将 80 名抑郁症患者分为 5 组，其中 4 个小组执行不同强度和频率的运动实验方案，对照组只是在监督下进行放松式的散步。研究人员把每千克体重消耗的能量千卡数作为“剂量”尺度。两个高强度组每周分别运动 3 次和 5 次，在此期间平均消耗 1 400 千卡能量。该项目的高剂量标准实际上是公共卫生领域对运动的一般建议（对抑郁症患者而言应算为高剂量）。建议标准为：人们每天应该进行大约 30 分钟中等强度的有氧运动，即如果你的体重是 68 千克，将你的体重乘以 8，就可以算出高剂量运动时，你应该燃烧 1 088 千卡的能量，相当于每周需要约 3 小时的中等强度运动，低剂量的运动则是每周做 80 分钟左右的运动。大部分有氧健身器材都有监控记录。也可以通过移动设备（比如手机 APP）看运动的时间及能量消耗情况。如果你的体重为 68 千克，你在跑步机上锻炼 30 分钟消耗的能量是 200 千卡，要完成 1 088 千卡的运动能量消耗，那么你需要每周锻炼 6 次，才能达到高剂量运动。

3 个月结束后的结果表明：不管频率如何，两个高强度组的抑郁症得分下降了一半，抑郁症状明显减轻。低强度组平均消耗 560 千卡的能量，抑郁症得分下降 1/3，大致上与散步组相同，和对照组的效果一样。这个试验的结论是：做些运动有好处，运动越多益处越多，多运动没有错。

三、运动发挥治疗作用的机制

运动可以算是日常生活中对抗各种形式焦虑的最经济、最简单的方法，无论对身体和大脑都十分有效。运动通过以下几方面的形式在应对情绪障碍中发挥积极的作用。

1. 运动分散对焦虑的注意力

焦虑是因为我们过度纠结或集中于某一件让你担忧的事情上。运动也是一项高度集中注意力的活动，即使走在平坦的道路上，一个垃圾袋、一个小的果皮、一个破碎的鸡蛋或者一个极小的一个水泥块，都可能成为你的绊脚石，导致摔倒，更不用说上山或下山的路（楼梯也是如此）。运动的时候，你会将注意力全部集中在运动本身的风险、运动的技巧甚至由此带来的愉悦感，而没有时间想那些让你糟心的事情。

2. 运动缓解肌肉紧张

运动具有 β－受体阻滞剂（抗焦虑的药物）的效果，可中断从身体传向大脑、导致焦虑的消极反馈循环。焦虑症导致的肌肉紧绷可能是因为过度紧张、自主神经紊乱等原因所引起的，通过一些伸展性运动（比如颈背部伸展、肩膀放松）可缓解焦虑和紧张等引起的肌肉紧绷，起到“运动的镇定效果”。

3. 运动增加大脑资源

研究表明，运动不仅具有短时间内提高血清素和去甲肾上腺素水平的作用，还具有长期的效应。血清素通过调节脑干的信号、提高前额叶皮质抑制恐惧的功能以及镇定杏仁核等，几乎对焦虑回路系统的每个环节都有作用。运动也增加了除血清素和去甲肾上腺素之外的其他快乐激素（比如多巴胺、内啡肽和催产素）的产生，还增加了抑制性神经递质 γ－氨基丁酸（GABA）以及对巩固替代性记忆至关重要的脑源性神经营养因子（BDNF）的产生，极大地丰富了让大脑开心的物质的产生。BDNF不仅可以促进海马体部位的新生神经元的生长（对记忆尤其是空间记忆尤其重要），还可以增加大脑建立新连接从而提高学习能力的可能性。另外，运动还可促进血管内皮生长因子（VEGF）的生长，这有助于新生血管的生长从而起到扩张血管的作用。

4. 运动可降低恐惧性记忆

运动可降低恐惧性记忆，导致“恐惧消退”。身体内实际上存在导致“恐惧消退”的神经机制。尽管我们无法抹去已经产生的原始的恐惧记忆，但是可以通过建立一个新的记忆并不断强化它，达到封闭恐惧记忆的作用。运动可以起到类似的作用。有氧运动可激活交感神经系统，使得呼吸和心跳加剧，这与触发焦虑或惊恐发作的感觉类似，但是有氧运动触发的这种生理活动是积极的、有益的。我们的身体一旦将焦虑的生理症状与某种积极、主动并可控制的行为相关联，恐惧的记忆就会衰退，崭新的记忆会逐渐形成。这种生物学上的关联类似一个诱饵或开关，当大脑正预想一次惊恐发作时，记忆却停留在关联的积极症状上了。

5. 运动改变了神经回路

在运动时，身体通过增加交感神经的兴奋度以及刺激肾上腺素和去甲肾上腺素的分泌，提高身体对工作负荷的耐受性，阻止杏仁核的失控运动，阻止其不断强化对周围事物充满危险的想法。当我们进行积极运动的时候，相当于沿着杏仁核建立起了另一条通路传递信息，或者开创了一条安全旁路。这种作用类似我们机体建立的各种侧支循环。侧支循环的作用是当大血管闭塞或者大血管出现严重狭窄的时候，从旁边出现或者生成的毛细血管供给大血管所支配的区域，以至于让大血管所供给的区域功能正常。当我们的大脑产生了一个新的记忆回路，可以替代原始的恐惧记忆所产生的焦虑。

（楼建林　肖勇）

第四节 调节情绪的抗炎饮食

焦虑和抑郁等心理健康问题主要采用药物、心理和行为治疗手段。这几种传统的治疗方法既可以单独使用，又可以综合使用。从治疗效果而言，尽管抗抑郁药或者抗精神病药确实拯救了某些患者，使患者的病情得到治愈或缓解，但也带来了许多副作用或者不良反应，比如体重增加、嗜睡和便秘等。这意味着，传统的治疗方法需要牺牲患者的一种健康来换取另一种健康。

近年来，精神科医生逐渐认识到饮食和运动对情绪的影响，并开展了大量设计严谨的试验验证饮食和运动的作用。随着研究的逐渐深入，精神科医生认为健康饮食和合理运动可能是对抗抑郁症和焦虑症最有效的“良药”。本节重点讨论饮食对情绪的调节作用。

一、调节情绪的营养素清单

本章推荐的调节情绪的营养素清单是根据美国科学家德鲁·拉姆齐的著作《用食物战胜抑郁和焦虑》进行整理和创作的。以下营养素的排序并非根据分类来整理的，而是根据能够预防和治疗抑郁症的维生素和矿物质相关研究文献进行整理和权重排序产生的。这里首先介绍书中重点推荐的 12 种对抑郁症起作用的关键营养素，再介绍可能对缓解焦虑以及其他心理问题有用的营养素。

1. 叶酸

叶酸，又称维生素 B_9，是妇产科医生常开给孕妇用于促进胎儿脊髓和大脑发育的营养素。除了作为合成大脑所需的关键物质，人体还需要叶酸合成和调节 DNA，以及合成与抑郁症相关的主要神经递质（比如血清素和多巴胺等）。这些神经递质能够为脑细胞之间的交流提供帮助，帮助大脑思维清晰，并且让我们快乐。缺乏叶酸会导致人情绪低落、精力不济。研究发现，1/3 以上的抑郁症患者存在叶酸缺乏。叶酸缺乏也会导致人体内的炎症水平升高，其主要机制在于叶酸是分解致炎症物质“同型半胱氨酸”的主要物质。如果人体内没有足够的叶酸来代谢同型半胱氨酸，炎症水平就会升高。同型半胱氨酸升高，不仅增加了患抑郁症的风险，也增加了患心血管疾病的风险。叶酸丰富的食物有绿叶蔬菜、彩色蔬菜和豆类等。

2. 铁

大脑的重量仅占体重的3%左右，重量为1 400～1 500克，神经元数量估计在800～1 000亿。大脑每天大约消耗人体总摄入能量的20%才能有效发挥作用。为了获取足够的能量，脑细胞需要源源不断获得含铁血红蛋白，负责将氧气从肺部输送到脑部。肌红蛋白也是一种含铁血红蛋白，负责将氧气存储在肌肉中，共同补充身体的能量所需。除了帮助大脑获得所需的氧气外，铁还是合成人体两种负责调节情绪、注意力和喜悦的关键神经递质——多巴胺和血清素的必需营养素。另外，与叶酸一样，铁也是构成髓磷脂的一种成分。髓磷脂是一种脂肪“绝缘材料”，有助于神经元信号的高速传导。因此，可以认为铁也是影响大脑功能和健康的关键因素。铁缺乏，会导致脑力、精力下降和情绪低落。含铁比较丰富的食物包括海鲜、坚果、种子、绿叶蔬菜、肉类和黑巧克力等。

3. 长链ω-3脂肪酸

自然界存在两种类型的ω-3脂肪酸，一种是碳链较短、形式比较简单的、植物来源的ω-3脂肪酸，也就是我们常说的α-亚麻酸（ALA）。还有一种是形式比较复杂的长链ω-3脂肪酸，EPA和DHA是其主要代表。EPA是二十碳五烯酸，是鱼油的主要成分，能够帮助人体降低胆固醇，促进人体血液循环和消除疲劳等，对治疗和预防高血压有一定效果。DHA是二十二碳六烯酸，也被称为脑黄金，是一种对人体非常重要的多元不饱和脂肪酸，是大脑和视网膜的重要组成成分，对胎儿、婴幼儿的视力发育、智力发育也有重要的作用。

长链ω-3脂肪酸是一类比较特殊的有助于保护大脑的多不饱和脂肪酸，是能够通过食物摄入的碳链最长、最复杂的脂肪酸。这种脂肪酸能促进大脑产生更多重要的神经生长因子，从而增强大脑的神经可塑性，以提高大脑的发育和应对环境变换的能力。EPA通过降低脑细胞中促炎症因子的浓度增强大脑功能。DHA是合成脑细胞膜的重要成分，在突触的形成过程中起至关重要的作用。突触的主要作用是建立细胞之间的联系。据估计，大脑中约8%的成分是DHA。DHA也具有抗炎症和神经保护作用。海鲜类食物中长链ω-3脂肪酸含量高于其他类食物。

4. 镁

镁又被称为“天然镇静剂”，参与人体数百种生化反应。从 DNA 合成到细胞代谢废物处理的每一种代谢过程都有镁的参与。镁也是大脑最基本的构成成分，是神经和脑细胞正常运转所必需的物质，有助于神经突触信号的传递和神经－肌肉的传导。

镁也是治疗抑郁的关键营养素，镁缺乏可能会对人的情绪产生影响，其主要症状包括焦虑、沮丧、失眠、烦躁、脑雾以及对压力的承受力低等。镁对情绪影响的主要机制包括：①镁增加 5－羟色胺的表达，使人感到镇定，快乐和压力降低；②镁可以降低压力激素皮质醇的浓度水平；③镁可以降低有助于睡眠的肾上腺素浓度；④镁可以增加 γ－氨基丁酸（GABA）的水平，GABA 是一种与神经放松有关的神经递质，使人感到镇定和入睡的激素；⑤镁可以增加帮助改善睡眠的褪黑激素的水平；⑥镁可以增加促进镇定的副交感神经系统的功能；⑦镁可以降低交感神经系统的功能，交感神经系统活跃让人难以入睡。含镁丰富的食物主要包括绿叶蔬菜、坚果、豆类、种子和彩色蔬菜等。

5. 钾

钾是体内重要的无机阳离子之一，具有维持细胞新陈代谢、保持细胞膜静息电位、调节细胞内液外液渗透压、调控体内酸碱平衡等重要的生理功能。钾的摄入和排出处于动态平衡，90% 的钾经过肾脏排出。肾脏排钾与摄入钾有一定的关系，多吃多排、少吃少排、不吃也排。肾脏对钾的保持不像保钠，有时候出现肾脏排钾过多，会造成血钾丢失。血钾低于 3.5mmol/L 或高于 5.5mmol/L 都称为血钾异常。血钾异常影响肌肉神经的兴奋性，最关键是影响心脏的作用。

钾对维持神经系统的稳定具有重要作用：①钾协助细胞膜泵入细胞所需要的重要营养物质和氧气、泵出废物、维持细胞的稳定；②钾有助于维持神经系统中每个神经信号的传导；③钾有助于调节血清素的水平，维持情绪的稳定。缺钾会导致人精神变差、疲劳，引发慢性疼痛、焦虑和抑郁。含钾丰富的食物主要包括彩色蔬菜和深绿色蔬菜。

6. 硒

硒是人体必需的微量元素，在人体新陈代谢、DNA 合成、甲状腺功能以及大脑信号传导方面发挥重要作用。著名科学家欧德弗曾评价“硒像一颗原子弹，量很小很小，作用和威力却很大”。硒被国内外医药界和营养学界尊称为“生命的火种”，享有“长寿元素”“抗癌之王”“心脏守护神”“天然解毒剂”“光明的使者”“呼吸系统疾病的克星”“肝病的天敌”“肠胃道的白衣天使”“微量元素中的胰岛素”“男性体内的黄金”“皮肤症状的克星”等美誉。硒元素的这些功效，与其强大的抗氧化能力息息相关。硒参与谷胱甘肽的合成，谷胱甘肽是大脑中最好的抗氧化剂，有助于维持脑细胞的最佳状态。硒蛋白是硒元素的活性成分，其抗氧化活性是维生素的500倍、花青素的200倍、纳豆的800倍、辅酶Q10的700倍。硒缺乏主要表现为皮肤干枯、浑身乏力、神经系统变化、抵抗力下降、脱发、焦虑和抑郁等。含硒丰富的食物主要包括彩色蔬菜和海鲜等。

7. 维生素 B_1

维生素 B_1，又称为硫胺素，是科学家发现和分离的第一种维生素。大脑是一个高能耗器官，葡萄糖是大脑的直接能量来源，但要将葡萄糖转化为能量，大脑需要足够的维生素 B_1。严重维生素 B_1 缺乏易患脚气病，这种疾病会对心血管系统产生影响，最终引发严重的神经和精神症状（比如精力不济、脑雾等），导致大脑无法获得足够的能量。含维生素 B_1 丰富的食物主要有海鲜、蔬菜、肉类、坚果、豆类和种子等。

8. 维生素 A

维生素 A，又称为“视黄醇”，是肉类、鸡蛋和乳制品中含量较多的营养素，亮橙色和黄色的蔬菜中也含有一定量的维生素 A。维生素 A 有助于促进细胞的生长和分裂，预防炎症引起的细胞损伤，并在人体 DNA 的合成中发挥重要作用。像长链 ω-3 脂肪酸一样，摄入充足的维生素 A 在大脑健康方面也发挥不可或缺的作用。大量的研究表明，维生素 A 有助于增强神经可塑性，帮助大脑形成新突触，防止认知退化，减少患代谢性疾病、癌症和抑郁症等疾病的风险，更好地适应新环境。

9. 维生素 B_6

维生素 B_6，又名吡多醇，其主要作用是将食物转化为能量。除了在能量代谢中发挥重要作用外，维生素 B_6 对神经系统同样发挥重要作用，主要体现在：①是人体合成血清素和去甲肾上腺素等影响情绪的神经递质的原材料；②是合成影响人体生物钟、促进睡眠的重要激素褪黑素的重要激素；③降低体内致炎症物质同型半胱氨酸的水平；④帮助人体合成红细胞，向大脑输送更多的氧气。当体内的维生素 B_6 处于较低的水平时，人的注意力会受到影响，也会导致紧张、愤怒和焦虑的情绪。含维生素 B_6 丰富的食物主要有海鲜、彩色蔬菜、肉类、豆类和水果等。

10. 维生素 B_{12}

维生素 B_{12}，又名钴胺素，在大脑健康中作用显著，主要体现在：①有助于生成调节情绪的重要脑化学物质，比如血清素、去甲肾上腺素和多巴胺；②参与脑细胞髓鞘的合成，保证突触信号的高效传导；③降低体内致炎症物质同型半胱氨酸的水平；④降低大脑萎缩的速度。维生素 B_{12} 缺乏，会增大患抑郁症的风险。试验研究表明，补充维生素 B_{12} 有助于缓解抑郁症患者的病情。含维生素 B_{12} 丰富的食物主要有贝类海鲜、肉类、鸡蛋和乳制品等。

11. 维生素 C

维生素 C 是一类比较强的抗氧化维生素，在人体多种化学反应中充当辅助因子。除了有助于预防感冒外，在抵御炎症的侵袭、促进细胞健康和神经信号的有效传递方面发挥重要作用。人体缺乏维生素 C，会导致维生素 C 缺乏病、牙龈肿胀和出血、伤口难愈合、疲劳和抑郁。含维生素 C 丰富的食物主要有彩色蔬菜、深绿色蔬菜和水果等。

12. 锌

锌是在人体细胞新陈代谢和免疫功能中发挥重要作用的矿物质。作为一种对机体具有重要保护作用的营养素，除了维持天然防御系统的正常功能之外，还具有抗癌症、炎症以及促进神经信号正常传递的功能。缺锌可能导致体内谷氨酸和血清素等关键神经递质的水平降低，增大患抑郁症和焦虑症的风险。

13. 其他营养素

以上重点介绍了 12 种对大脑健康的营养素，重点关注的是对抑郁症的影响。实际上，除了这 12 种营养素外，也存在其他可缓解焦虑和抑郁、有助于大脑健康的营养素。比如，胆碱就是一种研究比较多的、与焦虑症有直接关系的营养素。胆碱在促进神经和大脑健康方面的作用表现在：①是制造磷脂酰胆碱的重要材料，磷脂酰胆碱是所有细胞中最常见的脂质，在降低炎症方面发挥作用；

②是合成“绝缘材料”髓鞘磷脂的重要脂质；③是合成重要神经递质乙酰胆碱的关键材料，乙酰胆碱在学习和记忆方面发挥关键作用。含胆碱丰富的食物主要有鸡蛋、牛肉、扇贝和甘蓝等。

除了前面介绍的长链 ω-3 脂肪酸外，单不饱和脂肪酸，指的是含有 1 个双键的脂肪酸，主要包括油酸、神经酸和异油酸等，在促进神经发生、脑细胞发育以及减轻炎症方面发挥重要作用。油酸主要存在于橄榄油、牛肉、鱼肉、猪油和杏仁中，能减少心脏病、糖尿病和抑郁症的发生风险，改善胰岛素的敏感性，合成增强记忆、促进脂肪燃烧和减重的油酰乙醇胺。神经酸，主要存在于母乳、三文鱼、芥末、髓磷脂和亚麻籽油中，是神经髓鞘和细胞膜合成的重要原料。异油酸主要存在于草饲动物的肉和乳制品中，对减脂、增肌、预防代谢类疾病有重要作用。

二、调节情绪的抗炎饮食规划

上面我们谈了调节情绪和抗击炎症的营养素，这些营养素存在于我们吃的各种类型的日常食物中，也意味着我们可以在日常的饮食中在保证能量平衡的基本前提下实现抗炎症、抗氧化、调节情绪的营养素的合理规划。

本章推荐的调节情绪的抗炎症饮食规划方案是根据美国作家利兹·斯特雷特的著作《抗炎食物指南》(简称《指南》)进行整理和创作的。《指南》中提出了一个较为实用的抗炎饮食操作指南，规定了各类食物的比例：① 25% 的复合碳水化合物，可以是 100% 全谷物、以豆类为主的面食或红薯等块茎类食物。② 25% 的瘦肉或者高脂肪鱼类和蛋白类，以高脂肪鱼类、豆类和其他植物蛋白为主，每周尽量吃 2 次高脂肪鱼类，适量食用鸡蛋和瘦肉。③ 50% 的水果和蔬菜，一周内的大多数时候，保证每天至少 1 餐，食物中含有绿叶蔬菜。每周有 5 餐以上，食物中含有十字花科蔬菜。每周 2 次以上，餐盘中有浆果类。下面主要按照这三类重点推荐一些具有抗炎症和调节情绪的食物。

1. 复合碳水化合物类食物

红薯中含有大量的抗击炎症的营养素，比如维生素 C 和天然 β-胡萝卜素等。β-胡萝卜素使得番薯呈现出橘色，在体内可转化为维生素 A，起到抗氧化剂和清除自由基的作用。除了红薯外，紫薯中富含花青素，也能起到减轻炎症的作用。食用过程中最好采用蒸煮，尽量少用炸和烘烤的方式。

藜麦是一种种子类食物，根据所含天然色素的不同，有白色、黄色、红色、黑色以及彩色等多种颜色。红色、黑色和黄色藜麦的抗氧化能力较强，白色差点。烹饪和食用方法跟普通的谷物没有什么区别，可以跟普通谷物等混合烹煮或单独食用。藜麦因其属于无麸质食物，适用于各类人群，即使是乳糜泻患者或者是对谷蛋白敏感的人也可以放心食用。另外，藜麦也是蛋白质含量较高的优质植物蛋白质食物。

稻米，尤其是糙米、黑米、红米和野生稻米，包含多种营养成分和抗炎症化合物。与去麸质、去胚芽的白米相比，糙米中含有丰富的纤维素，有助于调整肠道菌群，还有一系列抗氧化剂，保护细胞免受自由基的破坏，从而起到抗炎症的作用。

豆类，包括黄豆、豌豆和扁豆，都属于营养价值比较高的食物，有助于抑制体内炎症。小扁豆、鹰嘴豆、黑豆、花豆、芸豆和白豆等，都富含抗炎症和抗氧化的多酚类。这里重点提一下黄豆，除了富含纤维素、蛋白质以及多种微量元素，大豆中还含有一种名为异黄酮的植物化学物质，具有降低血液中 C- 反应蛋白在内的多种炎症标志物的作用。

2. 蛋白质和脂肪类食物

富含优质蛋白质的食物包括动物性蛋白和植物性蛋白。优质动物性蛋白主要来源于鱼虾、禽肉、畜肉、蛋类及牛奶。优质植物性蛋白主要来源于大豆和藜麦。

三文鱼是一种同时富含二十碳五烯酸和二十二碳六烯酸两种 ω-3 脂肪酸的高脂肪鱼类，其抗炎症特性广为人知。另外，长鳍金枪鱼、鲱鱼、沙丁鱼、鲭鱼、鳟鱼、凤尾鱼等多种油性鱼类以及贻贝和牡蛎，也都具有抗炎症的营养成分。高脂肪鱼类、贻贝和牡蛎在烹饪上有些讲究。水煮、腌制和烟熏三文鱼可以最大限度减少 ω-3 脂肪酸的损失。其他富含 ω-3 脂肪酸的鱼贝类，无论是煎、煮还是烤都不会减少海鲜中的抗炎成分，但是尽量不要油炸，油炸不仅破坏 ω-3 脂肪酸，还会产生一些反式脂肪酸。

3. 蔬果类食物

叶酸主要的食物来源是绿叶蔬菜、彩色蔬果和豆类。绿叶蔬菜中的菠菜、羽衣甘蓝、豆瓣菜、芝麻菜等都是非常好的选择，不仅能提供每日所需要的膳食纤维、维生素 C、维生素 A 和叶酸，还能为每餐提供更多的水分、更强的饱腹感和更丰富的营养，其天然色素也是有益于健康的植物营养素。这里有必要提及一种非植物的绿色食物——海藻，是海洋绿色生物中碘的最佳来源，对大脑健康至关重要。

彩色蔬果，比如牛油果、彩色辣椒、西兰花、花椰菜、浆果等，不仅可以提供重要的植物化学物质（比如黄酮类化合物和类胡萝卜素等），还提供有助于肠道类好菌增殖的养分。蔬果之所以呈现出不同的颜色，主要是因为含有不同的色素，比如，紫红色的物质含有花青素、橙色的物质含有类胡萝卜素、红色的物质含有番茄红素、黄酮类物质也使得植物变得富有色彩。这些植物化学物质，不仅具有很强的抗炎症功效，还与改善记忆和情绪有关。这里重点提一下蓝莓和牛油果。蓝莓中的花青素可通过肠道菌群向大脑发送信息，让身体产生更多的犬尿酸。犬尿酸是一种神经保护因子，具有促进睡眠、改善情绪、减少脑雾、减轻肠道和大脑的炎症。牛油果也是一种有益于大脑的食物，其富含脂肪和植物化学物质。牛油果中脂肪含量高达 82%，主要是单不饱和脂肪酸，有助于人体吸收番茄红素等植物营养素。

4. 发酵食物

情绪和肠道菌群之间有着密切的关系，情绪不良可能会导致肠道菌群失调，从而引起一系列健康问题。食物多样性有助于改善和优化肠道多样性。

以上介绍了对情绪健康有益的营养素和相关的食物搭配，这里仅强调一类可能对情绪健康有益的食物类别——发酵食品。发酵食品是人类巧妙地利用有益微生物加工制造的一类食品，具有独特的风味，丰富了我们的饮食文化和生活。酸奶、干酪、酒酿、泡菜、酱油、食醋、豆豉、乳腐、黄酒、啤酒、葡萄酒、臭豆腐和臭冬瓜等都是颇具魅力的发酵食品。按食物类别一般可划分为谷物发酵制品、豆类发酵制品、乳类发酵制品和蔬果类发酵制品。

每天或一周几次适量地食用一些发酵食品能源源不断地提供益生菌，不仅让我们的肠道健康，还让我们的大脑和情绪健康。

本章较为系统地介绍了具有抗焦虑、抗抑郁和抗炎症的营养素和食物。实际上，这些食物无所不在，但是要贯穿于我们日常生活的一日三餐并非易事。但是，为了健康、幸福和快乐，做着做着就简单、轻松和实惠了。

（刘乐乐　王珍）

第五节 中医情志养生疗法

"情志养生"概念的最早提出时间无从考证，目前的研究一致认为早在《黄帝内经》中就有"和喜怒"的记载，提出了情志在养生中的作用与地位。目前的中医教材也未讨论"情志养生"的概念内涵，仅在"精神养生"门类下涉及情志相关内容，但在一些医学期刊、论文中广泛提及。国内学者罗志敏将"情志养生"定义为"通过舒畅情志、调养心神等方法，保持人体的心理平衡，从而达到身体健康、延年益寿的目的"。窦学俊综合了中医学和心理学的观点，提出"情志养生"是在"中医理论的指导下，根据个体的气质类型和心理状况，综合运用各种调神方法，从自我调摄的角度塑造和维持一个积极向上、健康稳定的心理状态，以完善人格、适应环境、保持良好的身心状态"。聂道芳借鉴了现代心理学情绪认知相关的理论，认为"情志养生是心理状态养生法之一，是通过情绪调节协调情绪、认知与行为，使情绪在生理唤醒、主观体验和表情行为等方面达到良好的、适宜的状态，从而更好地适应其所生存的周围环境，防止疾病的发生和促进疾病的康复"。

总之，"情志养生"是中医养生中极为重要的内容之一，由情志引发的身心疾患已成为现代流行病，比如，心脑血管疾病、消化道疾病、呼吸系统疾病以及肿瘤等。因此，基于中医理念的情志养生逐渐受到业界的重视与推崇。

本节重点介绍情志相关的基本理论、相关学说以及改善情绪的基本方法。

一、情志的概念及影响因素

1. 情志的概念

中医将情绪及相关的体验概括为"情志"。"情志"是"七情"和"五志"的合称。"七情"首次出现在宋代陈言《三因极一病证方论》一书中，是指喜、怒、忧、思、悲、恐和惊七种情感。"五志"最早出现于《黄帝内经》中，是指喜、怒、悲

(思)、忧和恐五种情感。中医学的“情志”定义是指在心神的主导下，以五脏精气为物质基础，以相互协调的脏腑和功能活动为内在条件，在外界事物的刺激和影响下，对客观事物能否满足自己欲望而产生的一种内心体验，且具有某种倾向性的态度表现。中医认为，情志虽然与大脑相关，但是受心的主导与控制。五脏精气是情志的物质基础，脑是情志产生的场所。

2. 情志的影响因素

情志受外因和内因的影响。外因主要包括自然环境和社会因素，内因主要包括生理因素(五脏气血的盛衰和体质强弱)和心理因素(认知、人格和意志)。情志干扰气机、气血、津液，导致生理和心理疾病。中医的主要理论基础是阴阳平衡和五行相生相克，这两大理论都可用于解释情绪相关的问题，并与现代神经生物学理论联系起来。现代神经生物学研究发现，情绪的主要神经基础与5种基本的神经递质和激素(比如，多巴胺、肾上腺素、5-羟色胺、去甲肾上腺素和乙酰胆碱)相关，这五种物质可能分别影响5种情绪，比如，喜悦与多巴胺有关，怒与肾上腺素有关，哀与5-羟色胺有关，忧与乙酰胆碱有关，恐与去甲肾上腺素有关。本章主要介绍情志相关的基本理论及相关学说。

二、情志与五脏的关系

中医认为情志是脏腑功能外化的表现，脏腑生情志，情志调健康。

1. 心为情志之主

心主血脉，心血充足，脉道充盈。心脏的主要功能是通过泵血，维持心脏的生理功能和生命活动。正常情况下，心脏通过其不断地收缩与舒张，为大脑以及其他部位提供营养物质及氧气，完成身体代谢的需求。血液在不断滋养濡润全身脏腑组织的同时，也在滋养着神(意指神、魂、魄、意、志五神)，使人的精神思维敏捷。人的精神意识和思维活动是在心的统领下正常进行的。明代著名医学家张介宾在《类经·疾病类·情志九气》讲道：“心为脏腑之主，而总统魂魄，并赅意志。故忧动于心则肺应，思动于心则脾应，怒动于心则肝应，恐动于心则肾应，此所以五志唯心所使也。”心是情志思维的主宰，心神通过统领脏腑，主持血脉，以调节各脏腑的功能活动及维持各脏腑之间的平衡协调，适应内外环境的需要而产生各种不同的情志变化。心主喜，喜因其活泼而常表现于外，喜属良性情绪，可使心气舒缓，有益于心主血脉的生理功能，正所谓“喜则气和志达，营卫通利”。

2. 肝为情志之本

肝为情志之本，肝藏魂主怒。肝贮藏血液，调节血量，肝血充沛可藏魂。木为火之母，肝血充足以生心血，可助心养神。肝主疏泄，利于心脉和畅，情志正常。肝脏对情志的作用，一方面是通过木火相生影响心血的生成，从而影响心主神明的功能；另一方面是通过肝的疏泄功能调节情志的通达顺畅。如果肝脏疏泄功能失调，则气机不调，血脉不畅，心主神志的功能也受到影响。中医医家认为：七情的正常表达，以肝气的协调为首要前提，肝气和则五志易和，肝气乖则五志乖。适当的发怒，可使压抑的情绪得到发泄，是肝气得以疏泄的一种途径，对人体生理、心理是有益的。但总体而言，怒属于不良的情绪刺激，过多过强的怒可使气血上逆，阳气升泄。

3. 脾为情志之枢

脾为情志之枢，脾藏意主思。脾之藏意，在于脾主运化水谷，化生营气，以营养意。医家所言“脾主气机之枢、主情感之思”，说的就是脾主情感的内在转变，具有调节、稳定其他情志的作用，以保证正常的情志活动勿太过与不及，这也体现了脾胃为枢，中土之脾在情志活动中起着调衡作用。韩晶杰在情志的“脾思调控论”中提道：人的情志活动与中焦脾胃有密切关系，中焦化生的气血，是情志功能活动的物质基础，中焦脾胃的升降斡旋，对于情志之气的正常运行是一个重要的保证。思，是其他情志活动的基础，其他情感变化须通过思而产生，这也是脾为情志之枢的一个表现。

4. 肾为情志之根

肾为情志之根，肾藏志主恐。肾藏精，其封藏的先天之精和后天之精推动着人体的生长、发育与生殖，是机体生命活动之本。肾精对人的意志和记忆起了重要的充养作用。肾精所化生的元气化为脏腑之气，推动着五脏六腑的功能活动。肾精充足，五脏功能旺盛，五脏才能化五气。肾主骨生髓，脑为髓海。《黄帝内经》之《素问·脉要精微论》中的“头者，精明之府，神明出焉”，意指情志活动的中枢在脑，脑主五脏之神而统五志，通过各种感官接受外界刺激，从而产生各种情志反应。肾中精气的盛衰，直接影响着脑的功能。《黄帝内经》之《素问·举痛论》中的“悲则气消，恐则气下”意指恐惧过度，伤损肾气，气虚下陷，肾关不固，导致二便失禁、遗精、滑泄等正气下陷的病理变化 。

5. 肺为情志之节

肺为情志之节，肺藏魄主忧。肺主气司呼吸，影响全身之气的生成，调节着全身的气机，辅助肝的疏泄以调畅情志。血液的运行亦有赖于肺气的调节，肺气充沛，辅助心血运行，心神才能得到充分滋养，使之神清气旺，故肺为情志之节。肺主悲忧，忧因其内向而趋于气机之收敛。《素问·宣明五气篇》云：“精气并于肺则悲。”悲忧的外在行为常常表现为哭泣。哭泣可发生于多种情形，比如喜极而泣、怒极而泣、过思而泣、惊恐而泣等。因此，从某种程度上说，哭泣是各种情绪累积到一定程度的发泄。哭泣后原来的情绪得以舒缓，也节制了情绪的进一步过度发展，是肺为情志之节的另一表现。

三、阴阳五行人格学说

“阴阳五行说”包括“阴阳说”与“五行说”，两者相辅相成。阴阳说形成于夏朝，认为阴阳两种相反的气是天地万物的源泉：在天形成风、云、雷、雨四象（对应着人的耳、目、口和鼻四个部位）；在地形成河、海、山和川四象（对应着人的气、血、骨和肉四种成分）；在方位则是东、西、南、北四方；在气候则为春、夏、秋、冬四季。

五行学说以日常生活的五种属性（金、木、水、火和土）作为构成宇宙万物及各种自然现象变化的基础：木有生长发育之性；火有炎热、向上之性；土有和平、存实之性；金有肃杀、收敛之性；水有寒凉、滋润之性。

《黄帝内经》中提到与5种属性相对应的5型人格：①金形之人，内向，理智，找此类人办事，认为具有可行就办，否则，毫不客气地拒绝，性格以思辨为主（爱因斯坦型）；②木形之人，形体上表现为“三长”（脸长、身长、四肢长），该类人博学多才、善于谋略、勤于思辨，性格内向、偏于忧患和哀怨为主的人格（林黛玉型）；③水形人格，形态上表现为表情沉静、行动迟缓，不善于交际（社恐）、情感沉郁，性格内向、偏于恐怖为主的人格（别里克夫型）；④火形人格，形态上看表现为动作急速、神态躁虑，性格开朗、心境易波动、情绪急躁，人格表现以愤怒为主（张飞型）；⑤土形人格，形态上表现为敦厚、老实、镇定和谨慎，社会行为表现为被动，性格沉稳、内敛，人格表现以喜悦为主（弥勒佛型）。中医的 5 种属性与人格和情绪之间的对应关系可以用表 4–3 表示。

表 4–3 情绪与中医的关系对应表

情绪	五行	形体	五味	五脏	六腑	五官	季节
怒	木	肠	酸	肝	胆	目	春
喜	火	脉	苦	心	小肠	舌	夏
思	土	肉	甘	脾	胃	口	长夏
悲	金	皮毛	辛	肺	大肠	鼻	秋
恐	水	骨	咸	肾	膀胱	耳	冬

四、情绪的体液学说

中医学认为，喜、怒、哀、思和恐五种基本情绪可能受到 5 种神经物质调节，分别为多巴胺、肾上腺素、5– 羟色胺、去甲肾上腺素和乙酰胆碱。

1. 肾上腺素分泌过多的人

肾上腺素分泌过多的人常见于 A 型性格，表现为：①运动、走路和吃饭的节奏很快，风风火火；②事情进展速度如果太慢常常感到不耐烦；③经常几件事同时进行，左右开弓；④不擅长利用休闲时光，习惯艰苦紧张的工作，即使休息也难以松弛下来；⑤着迷于数字，他们的成功是以每件事情中自己获益多少来衡量的；⑥容易发怒、具有较强的竞争性、胆子大、不计后果；⑦不在乎别人的批评、责骂，任凭风吹雨打不弯腰；⑧气质如石头、性格如大树、以不变应万变；⑨人际交往中的辣椒，多吃上瘾又伤喉。A 型性格的情绪表现为 AIAI：易愤怒（anger）、易激惹（irritation）、易焦虑（anxiety）、无耐心（impatient）。

心理学研究认为，“经常感到有许多事情要做，却没有时间去做”心态的人，高血压、心脏病、溃疡病的发生率较高。有关研究也表明，心脏病患者中 A 型性格高达 98%。尸体解剖证明，心脏冠状动脉硬化者，A 型性格的人是 B 型性格人的 6 倍。其可能的原因是：A 型性格能激活特殊的神经内分泌机制，导致血液中的血脂蛋白成分及比例改变，血清胆固醇和三酰甘油平均浓度增加，进而导致冠状动脉硬化的高发。

2. 多巴胺性格的人

多巴胺性格的人类似B型性格，属于一种中庸性格，特点为不争不抢，像弥勒佛、软柿子、扶不上墙的阿斗等。B型性格表现为：①从来不曾有时间上的紧迫感以及其他类似的不适感；②认为没有必要表现或讨论自己的成就和业绩，除非环境要求如此；③充分享受娱乐和休闲时光，而不是不惜一切代价表现自己的最佳水平；④充分放松而不感到愧疚，享乐型，无敌意；⑤人际交往中的棉花糖，多吃则甜腻。

B型性格的人肾上腺素水平低，性格较为懦弱，善于见风使舵，见人说人话，见鬼说鬼话。

3. 5-羟色胺性格的人

5-羟色胺性格的人又称为C型性格，主要是指情绪长期受压抑的抑郁性格，性格表现为害怕竞争、逆来顺受、有气往肚子里咽和爱生闷气等。具体来讲，C型性格者常表现为：①过分压抑负面情绪，不善于表达或发泄诸如焦虑、抑郁、绝望等情绪，尤其是经常竭力压制原本应该发泄的愤怒情绪；②行为退缩，如屈从于权势，过分自我克制、回避矛盾、迁就、忍让、宽容、依赖、顺从，为取悦他人或怕得罪人而放弃自己的爱好、需要；③感觉无助、无望，经常无力应付生活的压力而感到绝望和孤立无援，往往表现出过分的克制、谨小慎微、没有信心等；④与C型性格的人交往，感觉如同吃苦瓜；⑤体型方面，给人老态龙钟的感觉。研究表明，C型性格特征的人癌症发病率是正常人的3倍以上。

4. 乙酰胆碱性格的人

乙酰胆碱（acetylcholine，Ach）是神经系统中最早被发现的一种神经递质，主要参与调节认知、学习、记忆、情绪等方面的功能。研究表明，乙酰胆碱在性格内向者和外向者的表达存在区别，内向性格的人在执行认知任务时，大脑内部的乙酰胆碱神经元的激活水平更高，而外向性格的人则更多依靠多巴胺和去甲肾上腺素等其他神经递质的作用。也有一些研究发现，与内向性格相关的大脑区域和神经通路也与乙酰胆碱系统相关，比如，杏仁体等情绪调节中枢区域乙酰胆碱神经元较为丰富，进一步支持了内向性格的人神经通路更多依靠乙酰胆碱作为递质的理论。

乙酰胆碱性格的人与其他性格不排斥，存在一定程度的重合。该性格的人聪明睿智、善于思考。与该性格的人交往如同吃盐，没有则淡，多吃则太咸。

五、情志养生的几种方法

学者们对情志养生的方法各有侧重，有的强调调控情绪、有的主张养神、有的主张静心等，这些方法都跳出了根据中医学的五行相生相克提出的以情志相胜为主的单纯的情志调控方法，转向关注个体的生理、心理、社会以及道德层面的全面发展，关注与社会的和谐共处。

1. 形神合一

“形神合一”中的“形”指形体，包括肌肉、血脉、筋骨、脏腑等组织器官，“神”指心理活动，包括情志、意识、思维等的外在体现，强调3个方面（即心理与生理、精神与物质、本质与现象）的对立统一。

“形神合一”构成了人的生命，其中“神”为生命之主，“形”为生命之基。人的生命分为两大类，一类是以物质和能量代谢为主的生理性活动，另一类是精神活动。人体靠“神”保持内部器官之间以及与外界环境之间的协调。中医用“五神”（神、魂、魄、意、志）和“五志”（喜、怒、思、忧、恐）来概括人的精神活动，且用“五行学说”与五脏联系起来，认为精神活动是脏腑的功能表现，并且都在“心神”的主宰下进行，体现了张仲景“人身之神，唯心所主”的观点。

中医养生将“精、气、神”视为人生“三宝”，强调精、气、营、卫、血、津、液等精微是“神”活动的物质基础，人体的物质基础充盈，人的精神才会旺盛，精神活动需要大量的气血精微来供应，正所谓“形体不敝、精神不散”。

传统中医通过数千年的积累，对情绪与脏腑器官和能量系统之间的对应关系与运作方式做出了精辟的概括。当身体的某个器官受到压力时，会有对应的情绪表现，反之，亦然。表4–4总结了情绪与对应的十二经络之间的关系。

表4–4　情绪与十二经络

经络	正能量	负能量	堵塞时的情绪
心经	欢喜、愉悦	怨恨、仇恨	源于心经堵塞，由内心深度激起的、积压已久的、恨之入骨的一种情感体验，易导致猝死
心包经	欢喜、愉悦	压抑	为臣使之官，帮助君主（心）传递快乐情绪，堵塞时，快乐无法传递出来
肝经	谋略	愤怒、指责	愤怒、攻击、指责
胆经	决断	焦虑	焦虑不安、犹豫不决、优柔寡断

续表

经络	正能量	负能量	堵塞时的情绪
肺经	主气	悲伤	悲伤
胃经	接纳、豁达	急躁	急躁，面部容易长痤疮、粉刺
脾经	思想深邃、思维敏捷	抱怨、委屈	抱怨、委屈
大肠经	传导、排毒、存污	烦恼	烦恼、莫名其妙地发火
小肠经	悲悯、怜悯	哀伤	怜悯和同情心过重
膀胱经	一身之阳	消沉	抑郁、消极
三焦经	轻松	紧张	紧张

2. 形神供养

中医的“形神供养”不仅注意形体的保养，而且还关注精神的摄养，既要使形体健壮，也要保持精力充沛，二者相辅相成，相得益彰。中医的养生方法众多，从本质上来讲，中医的各种养生理念归纳起来就是“守神全形”和“保形全神”。

“守神全形”，指的是“神”起着主导作用，故中医养生观以“调神”为第一要义。具体而言，可以从以下几个方面入手：①宁静养神，生活中淡泊名利和物质的欲望，调节七情活动；②四气调神，人体顺应春温、夏热、秋凉、冬寒四时气候变化来调摄精神活动；③气功练神，通过调身、调心、调息三个主要环节调节神志、脏腑功能；④节欲养神，情欲有度，保精全神；⑤修性怡神，通过多种活动（比如绘画、书画、音乐、花鸟、垂钓等）修身养性，培养情趣，陶冶情操。

“保形全神”，指的是“形”是生命存在的物质基础，形伤则神气消，神依附形而存在。针对形体的养生的关键是从自然界获得能量来源，吸取天地之精华。饮食上多食用天然食材，少吃深加工、过度加工的食材。多参加户外活动，遵循自然规律，生活规律，劳逸结合。

3. 认知行为疗法

认知行为治疗，是指通过改变思维和行为的方法来改变不良的认知和不适当的思维方式，建立正确的思维方式以达到消除不良情绪的目的，并寻求正确的解决问题的方法，主要包括认知疗法、行为治疗和放松治疗三个基本成分。具体而言，中医认知心理和行为治疗方法主要包括见习见闻法、祝由暗示法、气功疗法、针灸行气疗法等。

4. 见习见闻法

“见习见闻法”是指通过反复练习、使受惊敏感的患者对刺激习惯进而恢复常态的心理疗法，类似于行为治疗中的系统脱敏疗法。系统脱敏疗法又称交互抑制法，由美国学者沃尔普创立和发展。这种方法建立在经典条件反射和操作条件反射的基础上，其治疗原理主要是对抗条件反射，具体做法是诱导求治者缓慢地暴露出导致神经症焦虑、恐惧的情境，并通过心理的放松状态来对抗这种焦虑情绪，从而达到消除焦虑或恐惧的目的。

《素问・至真要大论》中有“惊着平之”之语，意指受惊吓的人，要使之心情平静。金代医学家张从正（字子和）曾采用此法治疗过一个妇人。话说一个新婚妇人夜宿一旅馆，晚上遭遇盗贼抢劫烧屋，因惊恐而跌落床下。从此之后，只要一听到响声，她就心惊不已甚至不省人事。家人请了很多名医诊治，医生大多按心病治疗，开的都是人参、珍珠、定志丸之类的方子，服了一年多也不见好转。后经名医张从正诊治后认为该妇人的症状是受了惊吓而胆气受伤所致，于是采用“木棒敲木凳”以及“木杖敲击门窗”的方法，数次之后患者慢慢地安静下来，直到最后，患者即使听到雷声也不惊恐了。

5. 祝由暗示法

“祝由”是中医四大治疗手段之一，其余 3 种包括中药、针灸和推拿。祝由术在古代又被称为巫术，是一项崇高的职业，它曾经是轩辕黄帝所赐的一个官名。据说，当时能施行祝由之术者均为一些文化层次较高的人，故而十分受人尊敬。在现代医学治疗体系中，有一种治疗方法高度类似甚至神似祝由法，即暗示安慰疗法。祝由暗示法在情志疾病的治疗中应用广泛，比如疑神疑鬼、妄识幻想、惊恐迷惑、情志不遂、深情爱恶等所致病症。这种方法的治疗机制是先知其病由，然后找到其攻克的方法。具体的治疗是采用顺势利导的方法使得患者接受心理暗示的过程。心理暗示是指以间接、含蓄的方法对患者的心理和行为施加影响，这种疗法一般会使患者不加批判地接受一定的意见或信念，并且不自觉地按照一定的方式行动。

6. 气功疗法

气功疗法是在中医理论指导下，应用气功的治疗方法（比如吐纳、导引、静坐等），通过调心、调息和调身融为一体的自我修炼，能防治疾病，健身延年及开发潜能的一种心身锻炼方法。气功是中华民族的宝贵文化遗产。气功疗法既具有传统中医学的基本特色，又具有不同于中医其他疗法的自身特色，气功疗法并不是针对某种疾病或某个局部起作用，而是通过改善人体整体功能的状态，以获得疗效。中医气功具有整体性、主动性和自然性的特点。

《黄帝内经》中的“恬淡虚无、真气从之，精神内守、病安从来”指的是锻炼者意识处于宁静、愉悦的状态时，体内各系统的生理功能会随之变得协调，长期坚持，可起到强体健身、防病治病的作用。

7. 针灸行气疗法

情志病主要是气聚、气结、气机紊乱导致的脏腑功能失调，主要伤及心、肝、脾等脏器。针灸属于中医特色疗法，通过刺激穴位，激发经络之气，从而起到调和脏腑功能的作用，能够达到疏通经络、调和阴阳、扶正祛邪、防病治病的目的。

中医针灸治疗抑郁等情志病的穴位主要有两组：一组是五脏俞（心、肝、脾、肺、肾）加膈俞，针灸这些穴位，能达到静心安神、补肾健脾、平肝疏气的作用；另一组穴位包括神庭、百会、安眠、神门、三阴交，情绪不稳或郁闷，可加合谷、太冲穴等，腹中有气上下窜动或腹胀，加气海、中脘、内关、璇玑等可起到宽胸止胀的作用。

8. 情志疗法

情志疗法是指运用多种非药物方法（比如语言、表情、姿势、态度、作为等），致力于改变患者的心境、意志、意识、态度和行为等精神心理活动，以调整形神紊乱，从而达到治愈或缓解病症的方法。情志疗法的具体疗法有顺情从欲法、移情易性疗法、情志相胜疗法等。顺情从欲法是指顺从患者的意志、情绪，满足患者的身心需要，以解除患者因情志意愿不遂所致病症的一种情志管理方法。移情易性法通过一定的方法和措施转移或改变人的情绪和注意力，以摆脱不良情绪的方法，比如琴棋书画移情法，运动移情法等。情志相胜疗法是指有意识地采用一种情志抑制另一种情志，达到淡化，甚至消除不良情志，保持良好的精神状态的一种情志管理方法。

（白宏锋　周树立）

参考文献

[1] ATROOZ F, SALIM S.Sleep deprivation, oxidative stress and inflammation[J].Adv Protein Chem Struct Biol, 2020,119:309–336.

[2] BEUREL E, TOUPS M, NEMEROFF CB.The Bidirectional Relationship of Depression and Inflammation: Double Trouble[J].Neuron, 2020,107(2):234–256.

[3] BINGHAM KS, FLINT AJ, MULSANT BH.Management of Late-Life Depression in the Context of Cognitive Impairment: a Review of the Recent Literature[J].Curr Psychiatry Rep, 2019,21(8):74–76.

[4] CASEY D A.Depression in Older Adults: A Treatable Medical Condition[J].Prim Care, 2017,44(3):499–510.

[5] Campisi J, Kapahi P, Lithgow GJ, et al.From discoveries in ageing research to therapeutics for healthy ageing[J].Nature, 2019,571(7764):183–192.

[6] Ch ά vez-Castillo M, Nava M, Ortega Á,et al.Depression as an Immunometabolic Disorder: Exploring Shared Pharmacotherapeutics with Cardiovascular Disease[J]. Curr Neuropharmacol, 2020,18(11):1138–1153.

[7] Dantzer R, O' Connor JC, Freund GG, et al.From inflammation to sickness and depression: when the immune system subjugates the brain[J].Nat Rev Neurosci, 2008,9(1):46–56.

[8] Diz-Chaves Y, Gil-Lozano M, Toba L,et al.Stressing diabetes? The hidden links between insulinotropic peptides and the HPA axis[J].J Endocrinol, 2016,230(2):77–94.

[9] Felger JC.Imaging the Role of Inflammation in Mood and Anxiety-related Disorders[J].Curr Neuropharmacol, 2018,16(5):533–558.

[10] Hölzel BK, Carmody J, Vangel M, et al. Mindfulness practice leads to increases in regional brain gray matter density[J]. Psychiatry Res, 2011,191(1):36–43.

[11] Halaris A.Inflammation-Associated Co-morbidity Between Depression and Cardiovascular Disease[J].Curr Top Behav Neurosci, 2017,31:45-70.

[12] Hare DL, Toukhsati SR, Johansson P, et al.Depression and cardiovascular disease: a clinical review[J].Eur Heart J, 2014,35(21):1365-1372.

[13] Ismail L, Materwala H, Al Kaabi J. Association of risk factors with type 2diabetes: A systematic review[J]. Comput Struct Biotechnol J, 2021,19:1759-1785.

[14] Joynt KE, Whellan DJ, O' Connor CM.Depression and cardiovascular disease: mechanisms of interaction[J].Biol Psychiatry,2003,54(3):248-261.

[15] Jantaratnotai N, Mosikanon K, Lee Y, et al.The interface of depression and obesity[J]. Obes Res Clin Pract, 2017,11(1):1-10.

[16] Koloski N, Holtmann G, Talley NJ.Is there a causal link between psychological disorders and functional gastrointestinal disorders[J]. Expert Rev Gastroenterol Hepatol, 2020,14(11):1047-1059.

[17] Kohler O, Krogh J, Mors O, et al.Inflammation in Depression and the Potential for Anti-Inflammatory Treatment[J].Curr Neuropharmacol, 2016,14(7):732-742.

[18] Levine ME, Lu AT, Quach A, et al.An epigenetic biomarker of aging for lifespan and healthspan[J].Aging (Albany NY), 2018,10(4):573-591.

[19] Lee SY, Waring ME, Park CL, et al.Do Depressive Symptoms Predict Blood Pressure Control in US Veterans[J]. J Gen Intern Med, 2022,37(1):57-63.

[20] Luppino FS, de Wit LM, Bouvy PF,et al.Overweight, obesity, and depression: a systematic review and meta-analysis of longitudinal studies[J].Arch Gen Psychiatry, 2010,67(3):220-229.

[21] Milaneschi Y, Simmons WK, van Rossum EFC,et al.Depression and obesity: evidence of shared biological mechanisms[J].Mol Psychiatry, 2019,24(1):18-33.

[22] Moulton CD, Pickup JC, Ismail K. The link between depression and diabetes:the search for shared mechanisms[J]. Lancet Diabetes Endocrinol, 2015,3(6):461-471.

[23] Michopoulos V, Powers A, Gillespie CF,et al.Inflammation in Fear- and Anxiety-Based Disorders: PTSD, GAD, and Beyond[J].Neuropsychopharmacology, 2017,42(1):254-270.

[24] Owens-Gary MD, Zhang X, Jawanda S,et al. The Importance of Addressing Depression and Diabetes Distress in Adults with Type 2 Diabetes[J]. J Gen Intern

Med, 2019,34(2):320-324.

[25] Patist CM, Stapelberg NJC, Du Toit EF, et al.The brain-adipocyte-gut network: Linking obesity and depression subtypes[J].Cogn Affect Behav Neurosci, 2018,18(6):1121-1144.

[26] Schalla MA, Stengel A.Risk factors for anxiety and depression in patients with gastrointestinal disorders-the role of the gut-brain axis[J]. Ann Palliat Med, 2022,11(12):3603-3606.

[27] Sharma VK, Singh TG.Chronic Stress and Diabetes Mellitus: Interwoven Pathologies[J].Curr Diabetes Rev, 2020,16(6):546-556.

[28] Scalco AZ, Scalco MZ, Azul JB,et al.Hypertension and depression[J]. Clinics (Sao Paulo), 2005,60(3):241-250.

[29] Wang Z, Shen XH, Feng WM, et al. Mast cell specific immunological biomarkers and metabolic syndrome among middle-aged and older Chinese adults[J]. Endocrine Journal, 2017,64(3):245-253.

[30] Wang Z, Zhang H, Shen XH,et al.Immunoglobulin E and mast cell proteases are potential risk factors of impaired fasting glucose and impaired glucose tolerance in humans[J]. Ann Med,2013,45(3):220-229.

[31] Yu M, Zhang X, Lu F, et al. Depression and Risk for Diabetes: A Meta-Analysis[J]. Can J Diabetes, 2015,39(4):266-272.

[32] Zhang Y, Chen Y, Ma L. Depression and cardiovascular disease in elderly: Current understanding[J].J Clin Neurosci, 2018,47:1-5.

[33] Zis P, Daskalaki A, Bountouni I,et al.Depression and chronic pain in the elderly: links and management challenges[J].Clin Interv Aging, 2017,12:709-720.

[34] 郭小艳，王振宏．积极情绪的概念、功能与意义 [J]. 心理科学进展 ,2007,(5): 810-815.

[35] 孟昭兰．人类情绪 [M]. 上海：上海人民出版社，1989.

[36] 芭芭拉·弗雷德里克森．积极情绪的力量 [M]. 王珺译，阳志平审校．北京：中国纺织出版社有限公司 ,2021.

[37] 郑雪．人格心理学 [M]. 广州：暨南大学出版社，2007.

[38] 郭永玉．人格心理学导论 [M]. 武汉：武汉大学出版社，2007.

[39] 王福顺，傅文清．中医情绪心理学 [M]. 北京：中国中医药出版社，2015.

[40] 朴用喆 . 情绪自控力 [M]. 千太阳译 . 北京：中信出版社 ,2014.
[41] 王珍 , 沈旭慧 . 糖尿病生活方式干预手册 [M]. 杭州：浙江科学技术出版社 ,2015.
[42] 中国营养学会 . 中国居民膳食指南 [M]. 北京 : 人民卫生出版社，2022.
[43] 维他 . 循证抗炎症饮食 [M]. 上海 : 上海科学技术文献出版社 ,2023.
[44] 杨会增，杨程皓 . 抑郁症抗感染治疗的研究进展 [J]. 临床精神医学杂志，2022,32(6):492–496.
[45] 徐德勇 , 陆韦 . 脑 – 肠轴相关机制调控疾病的研究进展 [J]. 癫痫与神经电生理学杂志 ,2020,29(5):306–310.
[46] 张涛 , 令狐婷 , 张潇 , 等 . 抑郁症共病胃肠疾病的神经生物学机制研究进展 [J]. 生理学报 ,2018,70(1):71–78.
[47] 李倩 , 张媛媛 , 刘欢 , 等 . 抑郁症的胃肠道症状与 5–HT 系统关系研究进展 [J]. 医学研究杂志 ,2016,45(12):157–159.
[48] 张玉 . 理性情绪行为疗法介入农村高龄丧偶老人精神慰藉的个案研究 [D]. 武汉：华中科技大学 ,2020.
[49] 张锐雪 . 理性情绪行为疗法介入拒绝敏感者的人际交往认知的个案研究 [D]. 武汉：华中科技大学 ,2020.
[50] 刘笛 . 浅论学习音乐与智力的开发 [J]. 大众文艺 ,2013,(5):144–145.
[51] 柳森 . 彭希哲 : 是时候重新定义“老年”和“老年人”了 [J]. 决策探索 (上),2017,(12):80–81.
[52] 武剑倩 , 曾卫红 , 赵偏偏 , 等 . 老年人积极心理与疾病恢复的关系研究 [J]. 西安交通大学学报 (社会科学版),2023,43(1):150–162.
[53] 孙诚东 , 钱建锋 , 邵佳丽 , 等 . 老年人主观幸福感的研究进展 [J]. 心理月刊 ,2022,17(24):238–240.
[54] 麻雨婷 , 张宝山 . 老年人负性情绪的联合发展轨迹与心理资源的关系：基于潜类别增长的分析 [J]. 西南大学学报 (自然科学版),2022,44(10):10–20.
[55] 王先萍 , 刘丽容 , 罗琪丰 , 等 . 临床常用抗抑郁药物不良反应研究进展 [J]. 台州学院学报 ,2022,44(6):71–77.
[56] 杨潇 , 董再全 , 王瑜 , 等 . 抑郁症病因学和治疗学的研究进展 [J]. 中国科学 : 生命科学 ,2022,52(11):1678–1691.
[57] 刘家强 , 乔明琦 , 张惠云 , 等 . 中医心理学的发展 : 中医人格理论 [J]. 中华中

医药学刊 ,2011,29(9):1982–1983.

[58] 牛惠 , 李增焕 , 戴利成 , 等 . 超敏 C– 反应蛋白与心血管危险因素的交互作用与 2 型糖尿病的关系 [J]. 中国老年学杂志 ,2016,36(10):2367–2370.

[59] 杨舒尧 , 王珍 , 沈旭慧 , 等 . 农村社区老年糖尿病与非糖尿病人群冠心病风险比较 [J]. 中国老年学杂志 ,2016,36(7):1601–1603.

[60] 应金奕 , 沈旭慧 , 王珍 . 成人隐匿性自身免疫性糖尿病及其机制研究进展 [J]. 现代免疫学 ,2015,35(4):345–347.

[61] 田润 , 王丹 , 邱蔚 , 等 . 糜酶与传统心血管危险因素的交互作用及其与糖尿病的相关性研究 [J]. 中国糖尿病杂志 ,2015,23(3):207–210.

[62] 王巧玲 , 沈旭慧 , 姚行 , 等 . 糜酶和传统心血管危险因素的交互作用与糖尿病前期关系的研究 [J]. 中国全科医学 ,2013,16(41):4140–4143.

[63] 王春晓，沈旭慧，王珍 . 维生素 D 与 2 型糖尿病的关系 [J]. 生理科学进展，2015,(2):121–125.

[64] 孙国燕，叶翎，孙玉瑶，等 . 锻炼免疫学方法研究 [J]. 现代免疫学，2014,(2): 174–176.

[65] 陆诗梵 , 张健 , 陈怡君 , 等 . 心理学干预对 2 型糖尿病控制不良者疾病观念的影响 [J]. 中国老年学杂志 , 2014, 35(6):1658–1660.

[66] 聂英芳 , 陆诗梵 , 张红 , 等 . 糖尿病控制不良患者健康相关行为的分析及干预对策 [J]. 解放军护理杂志 ,2012,29(17):5–9.

[67] 王珍 , 张红 , 沈旭慧 , 等 . 湖州城市社区中老年糖尿病前期和隐匿性糖尿病患病情况估计 [J]. 中国卫生统计 ,2012,29(4):594–596.

[68] 王珍 , 张红 , 沈旭慧 , 等 . 糖尿病前期与糖尿病相关因素的研究 [J]. 中国糖尿病杂志 ,2012,20(6):421–423.

[69] 王珍，张红，沈旭慧，等 . 心血管病传统危险因素与糖尿病及其前期关系 [J]. 中国公共卫生 ,2012,28(6):759–762.

[70] 张红，王珍，沈旭慧，等 . 胰岛素抵抗及 β – 细胞敏感性与糖代谢异常的关系 [J]. 中国慢性病预防与控制 ,2012,20(3):284–286.

[71] 沈旭慧 , 王珍 , 张红 , 等 . 城市社区中老年女性慢性病患病情况分析 [J]. 中国老年学杂志 ,2012,32(3):583–584.

[72] 戚蓓 , 王珍 , 徐春茹 , 等 . 湖州城区中老年高血压患病状况与生活方式干预调查 [J]. 中国老年学杂志 ,2010,30(19):2813–2814.

[73] 王珍，沈旭慧，张红，等．城市老年女性高血压及相关疾病家族史调查研 [J]. 中国全科医学 ,2010,13(17):1882–1883.

[74] 朱烨，王珍，张红，等．城市中老年女性高血压患病及社区资源利用分析 [J]. 中国民族民间医药 ,2010,19(11):89–90.

[75] 王珍，张红，沈旭慧，等．运用慢性病管理模式在社区开展糖尿病前期健康教育的体会 [J]. 国际老年医学杂志 ,2010,31(2):55–58.

[76] 龚燕青，王珍，杨妍妍，等．国外老年人常见慢性病自我管理有效性的循证依据 [J]. 国际老年医学杂志 ,2010,31(1):41–43.

[77] 张红，沈旭慧，王珍，等．空腹血糖与 OGTT 2 小时血糖在糖尿病前期诊断方面的比较研究 [J]. 中国糖尿病杂志 ,2009,17(11):840–841.

[78] 叶国芬，王珍，聂英芳，等．社区中老年居民高血压患病及社区卫生资源利用状况 [J]. 中国慢性病预防与控制 ,2009,17(1):95–96.

[79] 王珍，沈旭慧，沈国丰，等．医学生社会共情能力的测定与分析 [J]. 中国高等医学教育 , 2010, (7): 19–20.

[80] 王珍，沈旭慧，沈国丰，等．医学生情绪认知能力的测定与比较 [J]. 校园心理 , 2010,8(2):75–76.